건강 야채

쉽게 기르기

권영한 편저

전원문화사

머리말

　　오염되지 않은 땅에서 독한 농약의 세례를 받지 않고, 좋은 공기와 뜨거운 햇빛을 충분히 받으며 자란 채소를 얻고자 하는 것은 우리들 모두의 소망일 것이다.

　　녹색환경과는 거리가 먼 도심 가운데 살면 살수록 향수처럼 그리워지는 푸르름의 동경은 마음 한구석에 간절할 것이다.

　　우리 집에는 마당이 없으니 풀 한 포기 가꿀 수 없고, 마음은 있어도 어찌 할 도리가 없지……, 하고 체념하는 사람도 있지만, 그러나 조금만 아이디어를 내면 현관 앞, 담장, 처마 밑, 정원수 밑, 테라스, 베란다, 주방에 이르기까지 용기를 이용해서 여러 가지 채소를 직접 가꿀 수 있고 수확할 수도 있다.

　　자기가 직접 가꾼 풋고추를 고추장에 찍어 먹으면, 그 풋풋한 냄새 가운데 한량없는 기쁨이 샘솟을 것이다.

　　야채 가꾸기에 경험이 없는 사람이나 어떤 품종을 골라야 할지 잘 모르는 사람들에게, 이 책은 반드시 좋은 길잡이가 되리라 생각한다.

　　일반 가정에서 인기 있는 채소를 종류별로 사진과 그림을 이용하여 자세히 설명했기 때문에 누구라도 이 책 한 권만 옆에 있으면 쉽게 손수 재배할 수 있을 것이라고 믿는다.

　　도심 속에서도 자연의 혜택을 만끽할 수 있는 채원 가꾸기가 얼마나 즐거운 일인지 직접 체험해 보지 못한 사람은 모를 것이다.

　　아무쪼록 이 책에 의해 그러한 기쁨을 가족과 함께 즐기기를 바라는 바이다.

1999년 8월 한가운데에서……

권　영　한

차 례

종류별 야채 가꾸기

오이	10
아스파라거스	16
딸기	19
강낭콩	24
풋콩	27
완두콩	31
오크라	34
순무	38
호박	43
양배추	49
치커리	55
쇠귀나물	58
우엉	61
평지	65
고구마	68
토란	74
들깨	79
꽈리풋고추	82
솎음배추	84
감자	86
흰오이	92
잠두	96
무	100

양파	106
옥수수	111
토마토	115
가지	120
부추	124
당근	128
마늘	133
파	138
배추	143
파슬리	148
피망	151
머위	154
콜리플라워	158
시금치	162
파드득나물	167
양하	170
생강	174
싹눈 양배추	178
멜론	181
참마	186
땅콩	189
염교	193
래디시	196
양상추	199
당파	202
쑥갓	205
근대	210
수박	213
청경채	218
고추	221
차조기	225
참외	228

야채가꾸기 기초 지식

1. 손수 야채를 가꾸어 보자 ·········· 234

2. 밭 없이도 채소를 가꿀 수 있다 ·········· 235
  1) 미니 채원은 왜 인기가 높은가? ·········· 236
  2) 신선한 야채의 맛 ·········· 237
  3) 농약 없는 무공해 야채의 신선한 맛 ·········· 238

3. 장소에 따른 여러 가지 재배법 ·········· 238
  1) 작은 뜰이나 빈 터를 이용한다 ·········· 239

4. 야채의 특성을 이용한 재배 ·········· 240
  1) 1년 내내 즐길 수 있는 부추 ·········· 241
  2) 베란다에서 용기를 이용한 재배 ·········· 242
  3) 옥수수도 키울 수 있다 ·········· 244
  4) 주방에서 소쿠리나 볼로 만든 미니 채원 ·········· 244
  5) 소쿠리의 이용법 ·········· 245
  6) 볼의 이용법 ·········· 245

5. 야채 재배에 도움이 되는 흙의 지식 ·········· 247
  1) 야채의 맛은 흙이 좌우한다 ·········· 248
  2) 흙의 종류 ·········· 248
  3) 흙 개량하기 ·········· 249
  4) 구하기 쉬운 토양 개량제 ·········· 249
  5) 플랜터나 화분에 넣는 흙 ·········· 250
  6) 배양토 만드는 법 ·········· 250
  7) 플랜터나 화분에 흙을 넣을 때 ·········· 251

6. 미니 채원에 적당한 비료 ·········· 252
  1) 필요한 비료의 요소 ·········· 252
  2) 비료의 종류와 주된 성질 ·········· 253

3) 시비의 방법과 요령 ················ 254
4) 3대 요소를 함유한 비료 ················ 255

7. 좋은 모종과 씨앗 구하기 ················ 257
1) 좋은 씨앗이나 묘를 고르는 법 ················ 257
2) 종자의 보존법 ················ 258
3) 야채의 묘 구하기 ················ 259
4) 좋은 묘를 고르는 법 ················ 259
5) 파종이나 심기는 적기에 해야 한다 ················ 262
6) 씨 뿌리는 법 ················ 262
7) 심기 전의 준비 ················ 264
8) 묘 심는 법 ················ 265

8. 병충해의 방제 ················ 266
1) 야채가 걸리기 쉬운 병해 ················ 266
2) 병해의 예방법 ················ 267
3) 해충의 방제 ················ 269
4) 야채를 해치는 주요한 해충 ················ 269
5) 약제의 올바른 사용법 ················ 271
6) 약제를 살포하기 전에 주의 ················ 271
7) 살포 방법 ················ 271

9. 야채 재배에 필요한 용구 ················ 273

10. 슬기로운 야채의 보관 방법 ················ 276
1) 수확한 야채의 이용 ················ 276
2) 야채의 신선도가 떨어지는 원인 ················ 276
3) 호흡작용의 억제 방법 ················ 277
4) 냉장하지 않고 야채를 저장하는 방법 ················ 278

찾아보기 ················ 279

종류별 야채 가꾸기

오이 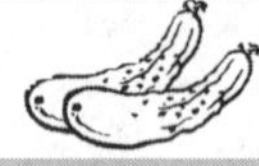

- 발아적온 : 25 ~ 30℃
- 생육적온 : 18 ~ 25℃
- 연　　작 : 불가(2,3년간)
- 용기재배 : 부적합
- 난 이 도 : 고난도

월	1	2	3	4	5	6	7	8	9	10	11	12
작업내용			파종●─△─X 가식　정식			수확 ▬▬▬ (촉성 재배) 파종●────	수확	▬▬▬ (여름 오이) 파종●────	수확	▬▬▬ (가을 오이) 수확		

　박목 박과의 한해살이 덩굴식물로서, 연중 식탁에서 사랑받는 없어서는 안 될 귀중한 채소이다. 재배 시설과 재배 기술의 발달에 의해 촉성·반촉성·조숙·노지·억제 재배 등으로 연중 생산되고 있다.

　일반적으로 가정에서 재배하기에는 여름 오이와 노지 재배가 알맞다. 여름 오이는 여름 30~40일간 매일 수확할 수 있기 때문에 항상 신선한 오이를 얻을 수 있어서 매우 만족스럽다.

♣ 품종

오이에는 품종이 매우 많다. 우선 생육 형태에 따라 대체로 입성종(立性種)과 포복종(葡萄種)으로 나눌 수 있다.

입성종은 받침대를 세워 덩굴을 얽히게 해서 가꾸는 품종인데, 이렇게 키우면 병충해도 적고 품질이 좋은 오이를 딸 수 있다.

한편 촉성 재배용으로 '우미', '금강' 등의 품종이 있고, 반촉성 재배용으로는 '우미백', '백다다기', '청록' 등의 품종이 있다.

그러나 오이는 품종 개량이 급속도로 이루어지고 해마다 새로운 신품종이 출하되므로, 신용 있는 종묘상에 가서 적절한 품종을 잘 고르는 것이 바람직하다.

♣ 재배 방법

오이의 생육 적정온도는 18~25℃이며, 비옥한 토질을 좋아하고, 하루에 6~7시간 이상 햇볕이 잘 드는 따뜻한 곳을 좋아한다.

그리고 오이는 연작하면 여러 가지 병해가 많아져서 잘 자라지 못하므로, 4~5년의 윤작기간을 두는 것이 좋다.

연작을 하면 잎에 진딧물이 발생하는데, 잎에 붙는 진딧물은 식물체에서 즙을 빨아먹을 뿐만 아니라 바이러스 병을 매개하므로 방제할 필요가 있다. 연작 재배를 하면 노균병과 건조할 때 발생하는 흰가루병, 등에도 많이 발생하므로 주의할 필요가 있다.

모종을 심을 때나 씨를 뿌릴 때는 약 1주일 이전에 1㎡당 한 삽 정도의 고토석회를 뿌리고 밭을 잘 갈아엎어 둔다.

♣ 봄 오이

봄 오이의 뿌리는 땅 속 깊게 뻗지 않고 대부분 지표면 가까이 밀생하므로, 비료는 묘상 전체에 고루 뿌려둔다. 수분을 항상 충분히 주어 마르지 않게 하는 한편, 배수도 잘 되게 해서 뿌리가 상하지 않게 잘 관리해야 한다. 뿌리에 통기가 잘 되게 충분한 유기질 비료를 주는 것도 잊어서는 안 된다.

　　모종을 밭에 정식하는 시기는 기온이 충분히 상승한 5월 중순경
이 좋으며, 바람이 잔잔하고 구름이 낀 날을 골라 오전 중에 심는
것이 이상적이다.
　　모종을 심기 전에 심을 구덩이를 파고 액비(液肥)를 주고, 심는
당일에는 비료를 주지 않는 것이 좋다.
　　모종이 살 때까지 오전 중에 물을 충분히 주는 것이 좋다.

♣ 여름 오이

　　여름 오이는 봄 오이보다 뿌리가 땅 속으로 더 깊게 뻗는다. 더
깊게 뻗어야만 더위에 견딜 수가 있고 건강하게 자랄 수 있으므로,
뿌리가 깊게 뻗도록 비료도 땅 속 깊게 주는 것이 좋다.

♣ 가지치기

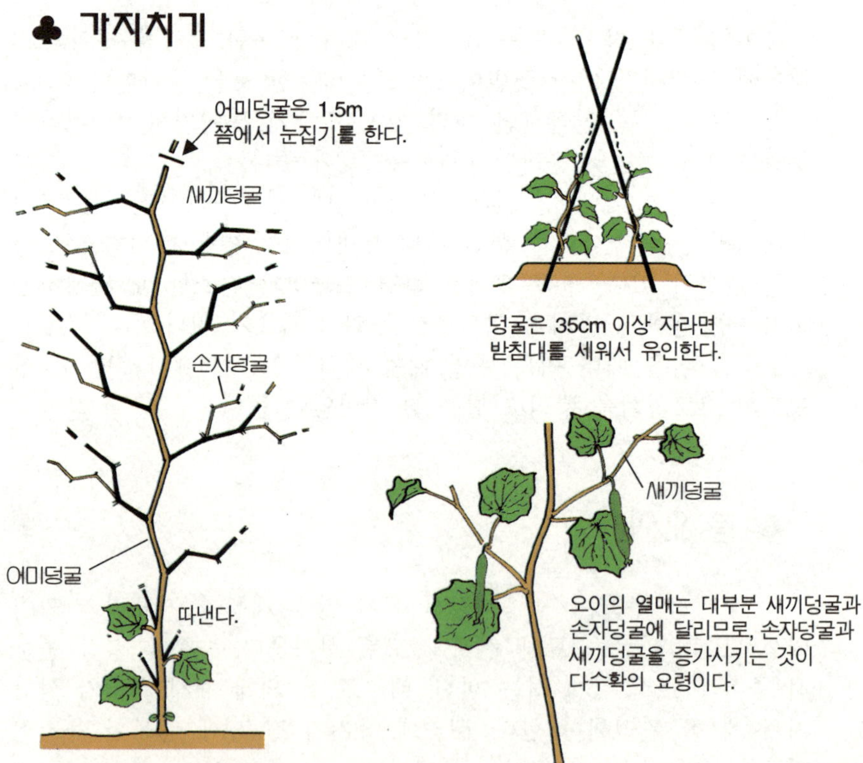

어미덩굴이 1.5m 정도가 되면 순 끝을 따서 생장을 멈추게 하며, 그 후에 뻗는 새끼덩굴도 본 잎을 2장 남기고 적심하며, 새끼덩굴에서 나오는 손자덩굴도 이와 마찬가지로 적심한다. 열매는 대부분 새끼덩굴과 손자덩굴에 달리게 되므로 덩굴의 수를 증가시켜 가는 것이 좋은데, 너무 촘촘한 부분은 유인해서 바람이 잘 통하게 하는 것이 좋다.

♣ 영양가

오이는 대부분이 수분이고, 100g 속에는 비타민 C 13mg, 비타민 A는 카로틴으로 150μg이 함유되어 있으며, 소량의 아데닌, 아루기닌을 포함하고 있고 이뇨작용을 한다.

♣ 재배 요령

1) 묘상 만들기

정식하기 약 1주일 전에 밭 전체에 퇴비를 충분히 넣고 갈아엎어서 묘상(苗床)을 만든다.

2) 묘 구덩이 파기

폭 1m의 묘상에 40cm 간격으로 묘를 심을 구덩이를 파고 액비를 충분히 주어 묘 심을 준비를 한다.

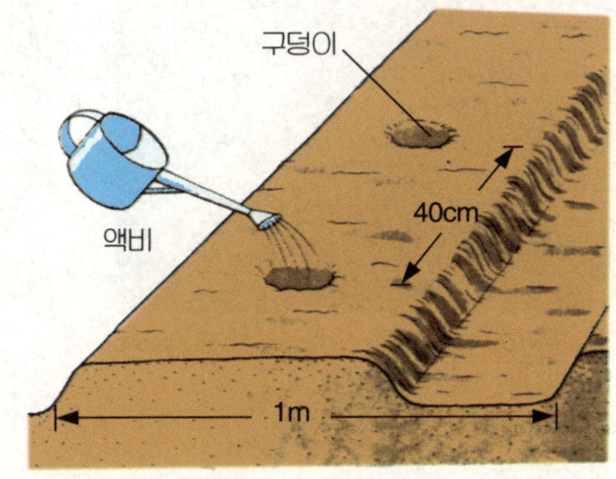

3) 묘 심기

바람이 없고 흐린 날의 오전에 심는 것이 좋다.

포트 속의 흙이
깨지지 않게
묘를 빼낸다.

구멍 속에 묘를
곱게 놓는다.

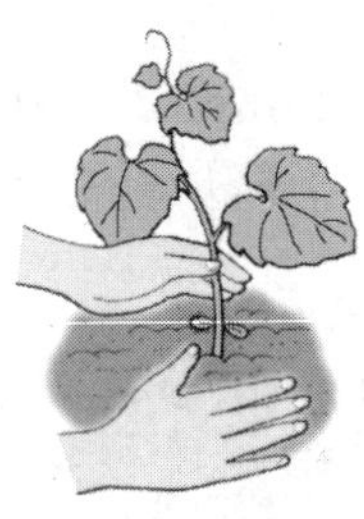

주변의 흙을 모아
뿌리 부근을
다진다.

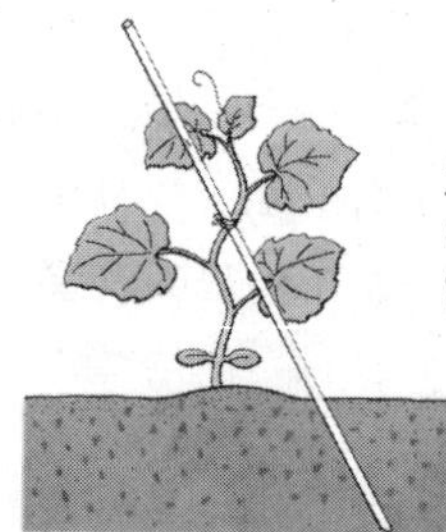

가지주를 세워 묘가
바람에 움직이지
않게 한다.

▲ 연작의 피해를 막기 위해 호박에 접
을 붙인 오이 묘

▲ 잘 자란 오이 묘

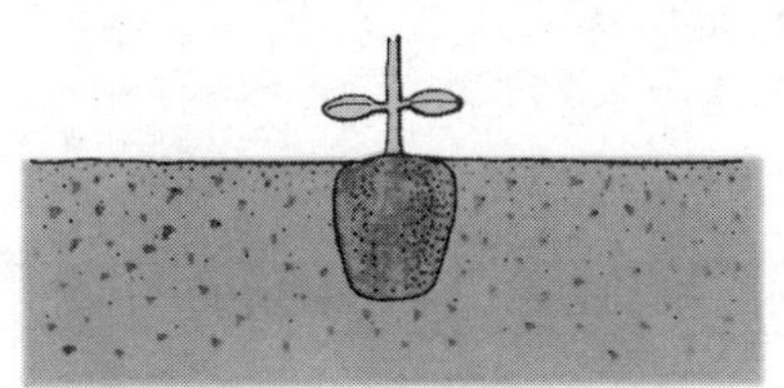

사질양토는 약간 얕게 심는다.

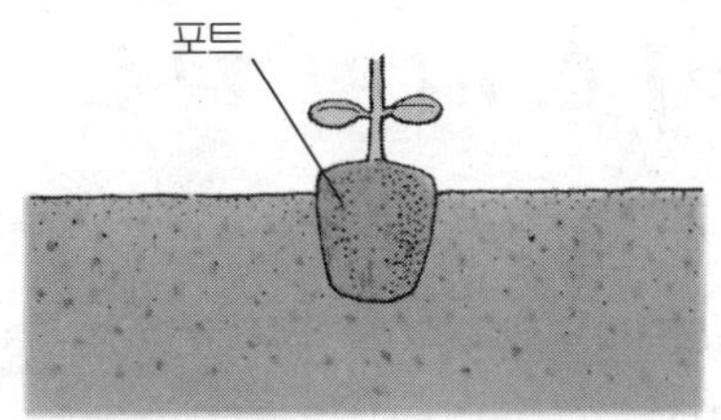

점질토에 심을 때는 포트가 1/3 정도 땅 위로 나올 정도로 얕게 심는다.

4) 지주와 추비

● 1차 추비 : 정식 15일 후 낮에 화성비료 한줌씩을 준다.

● 2차 추비 : 10일 뒤 묘상 한쪽에 화성비료를 한줌씩 준다.
● 3차 추비 : 10일 뒤 2차 비료를 준 반대쪽 묘상에 화성비료 한줌 씩을 준다.

　지주는 넘어지지 않게 단단히 세우고, 길이는 약 1.5m 정도는 되어야 한다.

5) 수확

　줄기가 상하지 않게 가위로 가볍게 따낸다. 꽃이 피고 약 10~15 일 만에 약 100g 정도 로 자란 것이 수확하기 에 가장 알맞다.

아스파라거스

- 발아적온 : 25 ~ 30℃
- 생육적온 : 25 ~ 30℃
- 연　　작 : 가능
- 용기재배 : 가능
- 난 이 도 : 낮음

월	1	2	3	4	5	6	7	8	9	10	11	12
작업내용			파종							정식 X (1년째)		
				수확						(2~3년 이후)		

　　백합목 백합과의 여러해살이풀로서, 봄부터 여름에 걸쳐 붓끝 모양의 굵은 싹이 나오며, 식용하는 것은 이 새싹이다. 줄기는 다육질로 높이 1.5~2.5m이며, 직립한 원줄기에서 많은 곁줄기가 나오고, 각 곁줄기 끝은 1~2cm의 솔잎 모양의 작은 가지가 된다. 이 아스파라거스의 잎은 식물학적으로는 가지이며, 헛잎이라고 한다.

　　숙근성이므로 한번 심어서 뿌리를 튼튼하게 기르면, 오래도록 수확할 수 있는 이점이 있다.

　　품종은 '메리 워싱턴'이나 '캘리포니아 500'이 적당하다.

♣ 재배

1) 파종 방법

파종의 적기는 4~5월이며, 상자에 심어서 발아시킨 다음 이식하는 법도 있고, 밭에 직파하는 법도 있다.

밭에 직접 심을 때는 밭은 되도록 깊게 갈아서 밑거름으로 퇴비, 계분 등을 묻으면 매우 좋지만 복합비료를 사용해도 좋다.

씨앗은 한 군데 2알씩 5cm 간격으로 점뿌리기를 하는데, 깊이는 1cm 정도로 묻는다.

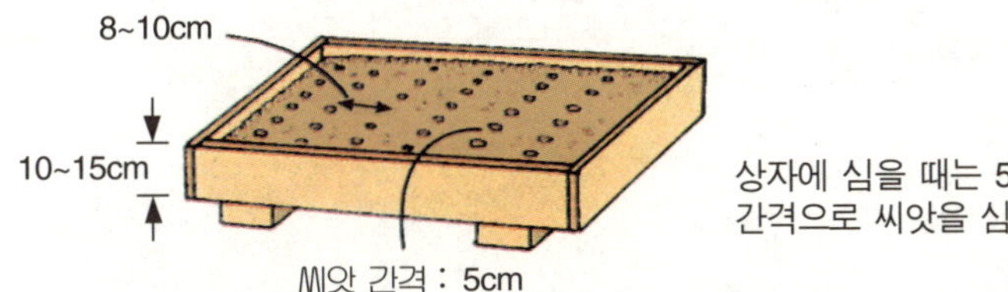

2) 발아 후의 관리

약 3주일이 지나면 발아하게 되는데, 이때 두 개의 포기 중 튼튼한 것 한 개만 남기고 나머지는 솎아 준다.

마르지 않도록 계속 물을 주고, 발아 후와 6월, 9월에 웃거름을 주는데, 복합비료를 포기와 포기 사이에 한 움큼씩 준다.

첫해는 아직 묘가 작아서 가을이 되면 지상부가 시들어 마르게 되므로 잎줄기를 잘라내도록 한다. 봄에 다시 싹이 터서 5개 이상의 줄기가 나올 때, 1~2개를 수확한다.

포기를 기르기 위해서는 최소 4~5개의 줄기가 필요하므로 이는 늘 확보하도록 해야 한다. 암수와 숫수가 있는데, 줄기가 가늘고 숫자가 많은 암수는 버리고 숫수만을 길러서 수확하도록 하는 것이 좋다.

♣ 2년 이후의 관리

수확할 수 있도록 자란 포기는 추비를 주고 물을 주어 마르지 않게 하는 한편, 복토를 하고 잡초를 뽑아서 늘 관심을 갖고 관리해야 한다.

좋은 채소를 얻기 위해 매년 발아 전인 이른봄(2~3월)에 땅이 녹자마자 뿌리 곁에 도랑을 파서 퇴비와 복합비료를 준다.

♣ 병충해

특별한 병충해가 없으며, 잘 자란다.

♣ 수확

3년째가 되었을 때, 지상으로 약 15~20cm 자란 새싹을 잎 끝이 풀리기 전에 잘라낸다.

새싹에 흙이나 왕겨를 덮어서 색이 희게 된 것을 따면 품질이 좋은 아스파라거스를 얻을 수 있다. 혹은 어린 싹이 땅 위에 나오지 않도록 지표에서 20cm 정도로 흙 돋우기를 하고, 희고 연한 땅 속의 어린 싹을 수확한다.

♣ 이용

아스파라거스는 단백질 함량이 높은 채소이며, 특히 아미노산의 일종인 아스파라긴이 많은 것이 특징이다. 영양 면에서는 그린 아스파라거스가 화이트 아스파라거스보다 뛰어나며, 비타민 C와 카로틴 함량이 훨씬 높다. 그린 아스파라거스는 샐러드와 버터 볶음 등으로 조리되어 애용된다.

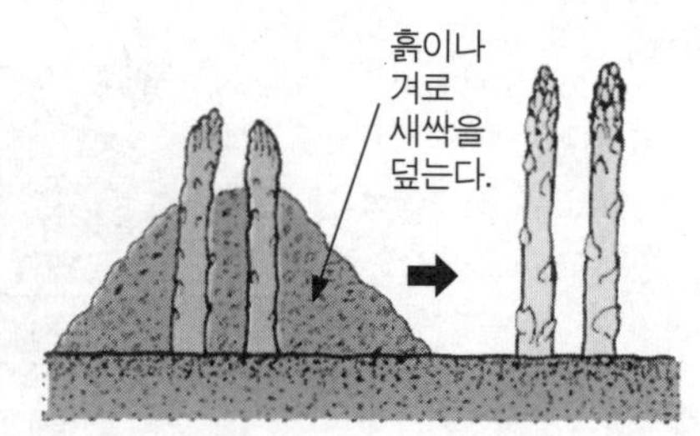

딸기

- 발아적온 : 포기 나누기
- 생육적온 : 17 ~ 20℃
- 연   작 : 피함
- 용기재배 : 가능
- 난 이 도 : 높음

월	1	2	3	4	5	6	7	8	9	10	11	12
작업내용				모수	정식			가식		정식		

수확

▲ 뻗어나가는 딸기의 란너

　장미목 장미과 여러해살이풀로 잎은 뿌리에서 나오며, 3개의 작은 잎으로 이루어진 겹잎으로 잎자루가 길다.

　북미 동부지방이 원산인 딸기는 지금 우리 나라에서는 없어서는 안 될 만큼 봄의 과실로 많은 사람들로부터 사랑받고 있다. 생육적온은 17~20℃이며, 13℃ 이하의 저온과 11시간 이내의 일조조건에서는 휴면(休眠)에 들어간다.

　휴면기간 중에는 포기의 생장과 란너의 생장도 중지되지만, 꽃눈은 계속 만들어진다. 그리하여 저온기가 끝나고, 온도가 높아지면 란너가 발생하고 아들포기가 생겨나서 번식을 하게 된다.

♣ 품종

딸기의 품종은 춘향, 홍학, 복우, 방옥 등 여러 가지가 있는데, 가
정용으로는 '다너종(種)', '보교조생(寶交早生)', '행옥' 등이 재배하
기 쉽다.

♣ 재배

1) 묘 만들기

쉽게 하는 방법은 5월 중순쯤 포트에 심어진 묘가 점포에 출하되
는데, 그것을 구입하여 어미포기로 사용하면 된다. 이때 잎이 7~8
장 달린 싱싱한 묘를 고르는 것이 중요하다.

그러나 더욱 좋은 묘를 구하려면, 10월 하순에서 11월 상순에 종
묘상에서 수확용 묘를 구입한 다음 심어서 관리하고, 다음해 봄 직
접 수확하고 나서 과실의 품질과 수확량이 많았던 포기를 골라 묘
를 얻어 어미포기로 한다.

2) 어미포기의 관리

어미포기를 심는 묘상에는 묘를 심기 약 1주일 전, 1㎡당 퇴비
2kg, 복합비료 100g 정도를 주어 잘 갈아엎고, 넓이 2m 정도의 묘
상을 만들어 놓는다.

5월 하순경 선택한 어미묘를 심는데, 이때 붙어 있는 '란너'는 떼
어내고 포기 사이를 약 60~70cm로 심는다.

이렇게 하면 활착한 어미묘에서 란너가 자라서 소묘가 많이 발생
하는데, 이때 란너를 적당히 배치해서 아들묘가 밀집하지 않도록
잘 배치해야 한다.

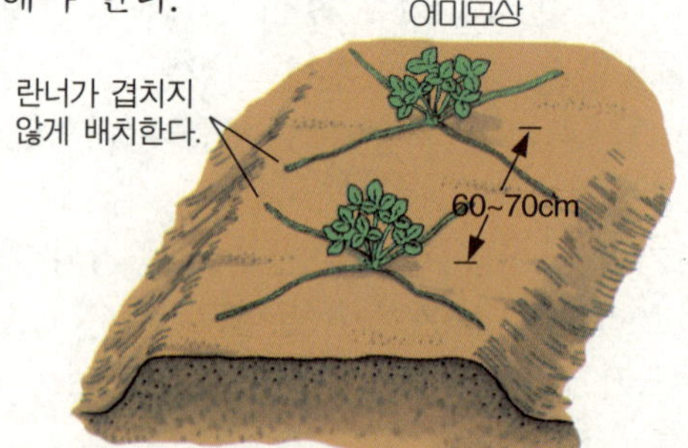

란너가 겹치지 않게
충분한 간격을 둔다.

3) 가식

어미묘에서 포복지가 뻗어서 소묘(小苗)가 되는데, 소묘의 잎이 4～5장으로 자라면 잘라내어 임시 가식을 한다.

이때 첫번째 묘는 따 버리고, 두 번째와 세 번째 묘를 사용하는 것이 포인트이다.

포복 가지를 자를 때는 뿌리목에서 2～3cm 남기고, 덩굴을 지면 부위에서 잘라낸다.

자르는 시기는 8월 중순에서 하순이다.

늦을수록 뿌리내림이 나빠진다.

● 소묘의 잘라내기

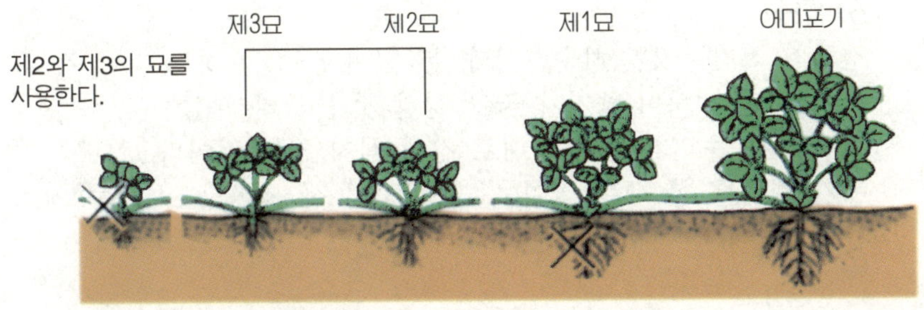

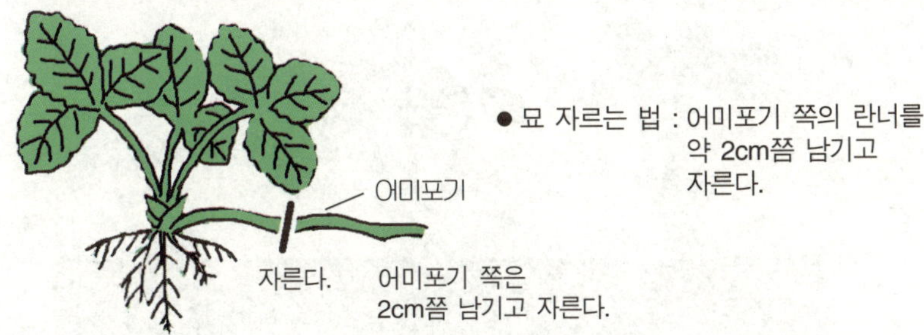

4) 잎 청소

가식 후 7～10일이 지나면 묘는 잘 활착하는데, 이때 새잎이 나오면 새잎 2～3장을 남기고 나머지 잎은 모두 뿌리 부근에서 따 버린다.

잎을 지나치게 많이 따 버리면 탄소 동화작용에 필요한 잎의 면적이 적어져서 좋은 꽃눈이 생기지 않으므로, 2차 때는 5~6장을 남기고 잎 청소를 하는 것이 좋다.

가식한 묘에서 나는 란너는 일찍 따서 영양의 손실을 막는 것이 좋다.

5) 추비와 관수

묘가 마르지 않도록 충분히 관수를 하며, 1㎡당 복합비료 30~40g을 포기 사이에 주고 가볍게 밭을 매 준다.

혹은 300배 정도로 희석한 액비를 물 대신에 주어도 좋다. 가식한 묘를 충분히 잘 키워야 수확을 많이 하고, 질이 좋은 딸기를 얻을 수 있다.

6) 정식

정식의 적기는 9월 하순경이다. 본 잎이 7~9장 정도 자란 것 가운데, 빛깔이 진하며 줄기가 굵고 실한 것을 골라서 심는다.

정식할 때 주의할 점은 절대로 깊게 심지 않는 것이다.

용기 재배를 할 때는 꽃이 달리는 쪽이 상하지 않도록 주의하여 심는다.

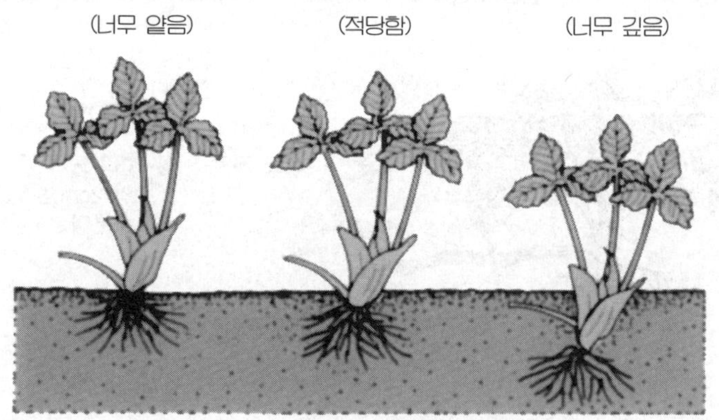

정식의 요령은 크라운이 약간 묻힐 정도로 얕게 심는다.

7) 정식 후의 관리

손질은 가을과 겨울에 개화한 것은 꼭 눌러 버리고 변색된 잎은 따 버린다.

열매가 익기 전에 짚을 깔아 주거나 비닐로 멀칭을 한다.

♣ 병충해

주된 병해는 풋마름병, 흰가루병 등이 발생한다.
또 다습하고 통풍이 나쁠 때 주로 과실에 회색곰팡이병이 발생한다.

♣ 비료 주는 법

딸기는 진한 비료에 약하므로, 퇴비, 깻묵, 복합비료 등의 밑거름은 심기 1개월 전에 밭에 고루 뿌리고 잘 갈아엎어 두는 것이 좋다.

♣ 수확

개화 후 40일 전후에서 수확할 수 있는데, 한 포기에 15개 정도로 억제하는 것이 품질이 좋은 열매를 얻을 수 있다.

♣ 이용

딸기는 겨울에 비닐 하우스 재배를 비롯하여 햇빛이 잘 드는 밭과 논의 농한기를 이용하며, 주로 12월 상순부터 6월 상순까지 신선한 딸기가 출하된다. 딸기는 100g에 35kcal의 열량을 내며, 탄수화물 8.3g, 칼슘 17mg, 인 2mg, 나트륨 1mg이 들어 있고, 비타민은 카로틴 $6\mu g$, 비타민 C 80mg, B_1과 B_2 0.05mg 등이 들어 있다.
반드시 이런 성분이 풍부하다고는 볼 수 없으나, 신선한 딸기는 입맛을 돋운다. 생딸기는 딸기를 물로 씻은 후 그대로 먹거나 또는 설탕과 우유를 넣어서 먹어도 좋다.

강낭콩 

- 발아적온 : 20 ~ 23℃
- 생육적온 : 15 ~ 25℃
- 연　　작 : 불가(3년)
- 용기재배 : 가능
- 난 이 도 : 높음

월	1	2	3	4	5	6	7	8	9	10	11	12
작업내용				춘파		수확						
					여름 파종				수확			

　　장미목 콩과 한해살이풀로서, 덩굴강낭콩이라고도 한다. 변종으로는 덩굴성으로 길이가 1.5~3m인 계통과 덩굴이 뻗지 않는 왜성(矮性)으로서 길이 30cm 정도인 계통도 있다.

　　상자에서 재배할 때는 덩굴이 뻗지 않는 품종을 심어도 좋으나, 길게 뻗는 덩굴을 창가에 올려서 녹색이 보기 드문 도시의 창가를 푸른 덩굴로 장식하는 것 또한 운치가 있다고 생각한다.

♣ 재배 온도

온난한 기후를 좋아하고 추위에 약하며 가벼운 서리에도 상해(霜害)를 입기 쉬우므로 재배에 주의를 해야 한다.

발아온도는 20~23℃ 정도의 선선한 온도를 좋아하며, 발아 후에는 좀더 낮은 온도인 15~25℃에서도 잘 자란다. 그러나 10℃ 정도의 저온이 되거나 30℃ 이상의 고온이 되면 결실 상태가 나빠져서 꼬투리가 생기지 않는다.

♣ 토질

특별히 토질을 가리지 않으므로 어디에라도 재배할 수 있으나 산성 토양과 배수가 잘 되지 않는 곳에서는 재배가 잘 되지 않으므로 그런 땅은 피하는 것이 좋다.

연작을 피하고, 토양의 산성화를 막기 위해 초목회(草木灰)나 석회를 뿌리고 심으면 좋다.

♣ 품종

덩굴성로는 '켄터키 원더(미꾸라지 강낭콩)', 덩굴이 없는 품종으로는 '마스터 피스'가 대표적인 품종이다.

♣ 파종 방법

덩굴성은 이랑 폭을 80cm, 포기 사이 30cm로 하며, 한 군데에 3~4알의 씨를 뿌린다.

직파 재배로 하며 파종 시기는 5~6월 파종과 7월 파종이 있다.

덩굴이 뻗지 않는 품종은 이랑 폭 45cm에 포기 사이를 25cm로 한다.

♣ 발아 후의 손질

본 잎이 2~3장 자랐을 때 가장 건강한 묘 1~2개만 남기고 나머지는 솎아내며, 덩굴성은 십자 모양의 받침대를 세워 그것을 감고 올라가게 한다.

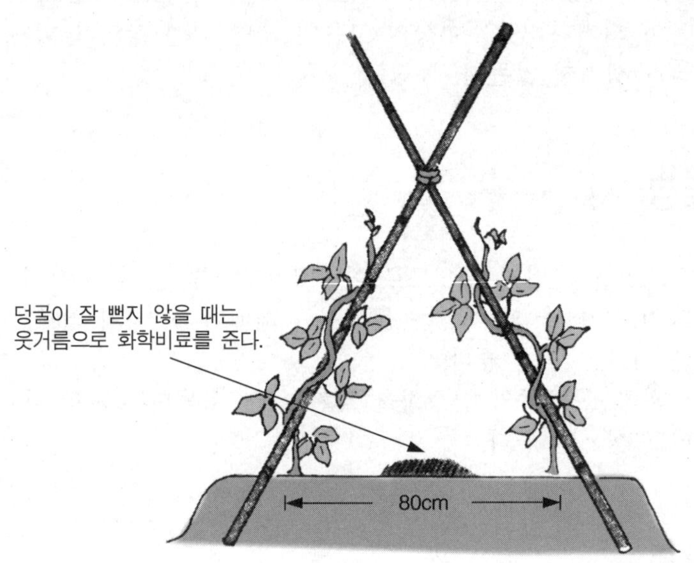

♣ 수확

봄에 파종한 것은 6월 중순부터, 여름에 파종한 것은 8월부터 콩 꼬투리가 딱딱해지기 전에 딴다. 파종 후 조생종은 85~90일, 만생종은 100일 정도가 적당하다.

- 발아적온 : 20 ~ 30℃
- 생육적온 : 18 ~ 28℃
- 연　작 : 불가(3년)
- 용기재배 : 적합
- 난 이 도 : 높음

월	1	2	3	4	5	6	7	8	9	10	11	12
작업내용					파종		수확					

　　장미목 콩과 한해살이풀로서, 식용작물로 널리 재배되어 온 대두
(大豆)를 콩꼬투리가 완전히 여물기 전에 따서 식용으로 하는 것을
풋콩이라 한다.

　　중국에서는 B.C. 4000년 무렵부터 콩의 역사가 시작되었고, 기록
에 남은 콩의 시초는 시경(詩經)에 숙(菽)이라는 이름으로 처음 등
장하였다.

　　콩은 토질에 대한 적응도가 높으며 어떤 땅에라도 잘 자라지만,
가장 좋아하는 땅은 보수력을 가진 점질토를 좋아한다. 그러므로

새로 개간한 땅이나 척박한 땅에서도 잘 자라지만, 콩은 뿌리에 근류(根瘤) 박테리아에 의해 공중의 질소를 고정하는 성질이 있으므로 질소가 과다한 밭에서는 오히려 좋은 성과를 거두지 못한다.

♣ 파종 준비

밭 전체에 석회를 뿌려서 잘 갈아엎어 둔다.
지난해에 비료를 많이 뿌려서 경작한 숙전(熟田)에는 별도로 비료를 줄 필요가 없으나, 새로 개간한 밭에는 약간의 합성비료를 주는 것이 좋다.

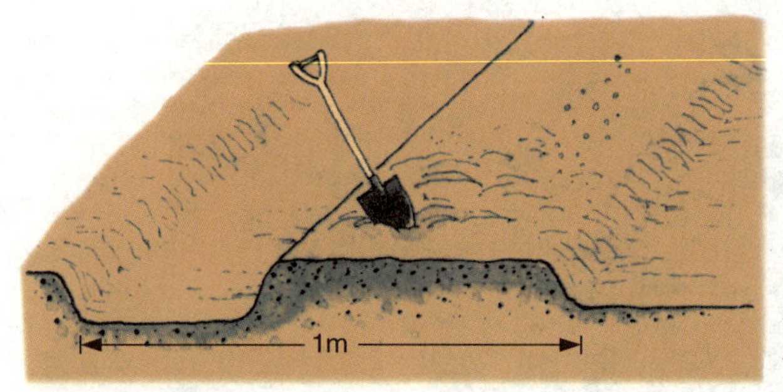

밭에 석회를 뿌린다.
척박한 땅에는 약간의
화학비료도 뿌린다.

♣ 파종

이랑 간격은 60~70cm, 조생종은 포기 사이 20cm, 만생종은 25~30cm로 하며, 한 곳에 3~4알씩 심는다. 복토는 약 5cm 정도로 하며, 심은 다음에 약간 흙을 눌러둔다.
5월 중순 이전에 심는 경우는 밭이 건조하기 쉬우므로, 멀칭을 하면 발아가 속히 되고, 따라서 빨리 수확할 수 있다. 필림 속에서 발아가 시작되면, 그 부분을 칼로 잘라서 묘가 밖으로 나오게 해 준다.

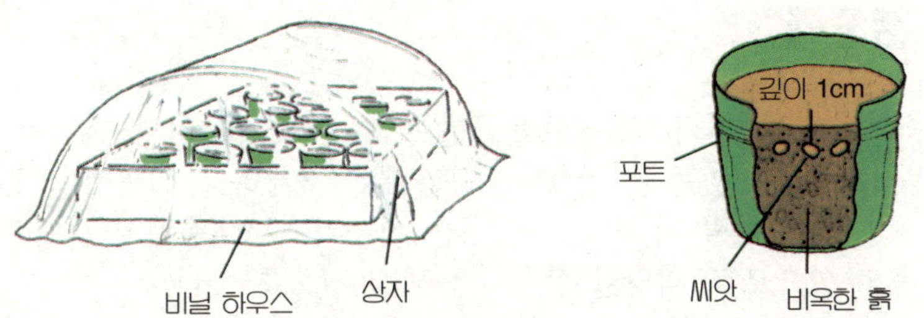

조생 재배를 위해서는 4월 상순경 묘를 비닐 하우스 안에서 포트로 기른다.

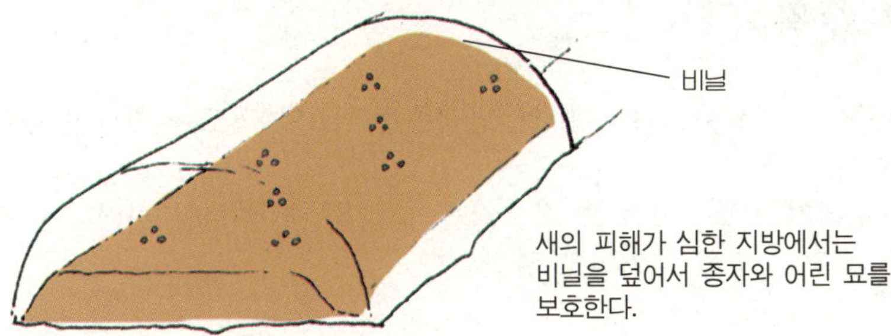

새의 피해가 심한 지방에서는 비닐을 덮어서 종자와 어린 묘를 보호한다.

♣ 발아 후의 관리

싹이 돋아나면 10cm가량 자랐을 때, 줄기가 굵은 것을 2개 남기고 솎아낸다. 빈자리가 있으면 이식을 하는데, 이식은 빨리 하는 것이 좋으며, 너무 늦게 이식하면 활착하는 데 시간이 많이 걸리므로 불리하다.

세력이 약해 보이면 포기 주변에 약간의 화학비료를 주고, 본 잎이 5~6장 정도 되었을 때 적심을 하여 곁가지가 잘 자라게 한다. 20cm 정도 자랐을 때 복토를 해서 넘어지지 않게 한다.

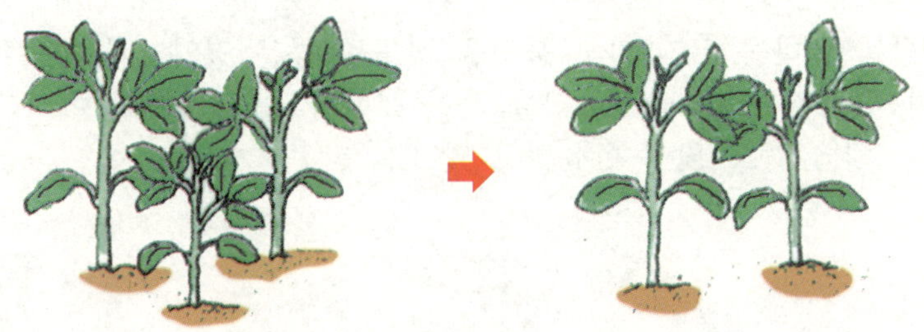

건강한 묘 1~2개를 남기고 솎아낸다.

♣ 병충해

병충해에는 바이러스병·붉은곰팡이병·자줏빛무늬병·잎말이병·콩나방 등이 있는데, 살충제·살균제로 구제하고 내병성 품종으로 재배한다. 어릴 때 진딧물이 끼는 경우가 있고, 응애가 발생하는 경우도 있으므로, 적당한 살충제를 써서 잡도록 한다.

♣ 수확

파종 후 조생종은 85~90일, 만생종은 100일 정도가 지나면 수확을 한다.
꼬투리가 부풀어오르고, 꼬투리를 눌렀을 때 콩알이 튀어나올 정도가 되면 수확의 적기라고 판단된다.

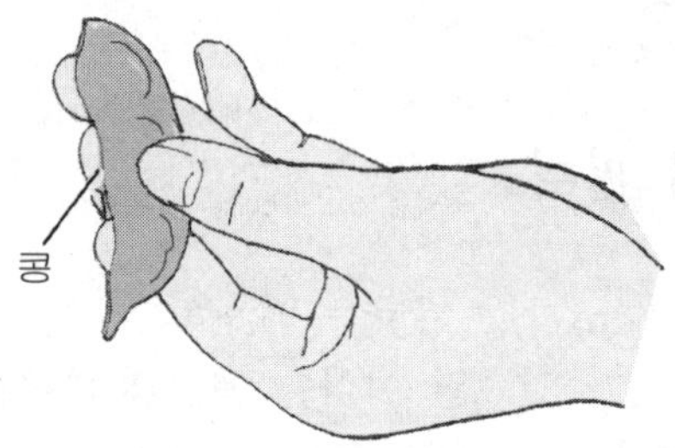

손으로 가볍게 누를 때, 콩알이 튀어나올 정도가 되면 수확의 적기이다.

♣ 영양가

'밭에서 나는 고기'라고 불리울 정도로 콩은 영양가가 높은 식품이며, 단백질·비타민 A·C를 많이 포함하고 있을 뿐만 아니라, 인(燐)·칼슘 등도 많이 함유하고 있다.

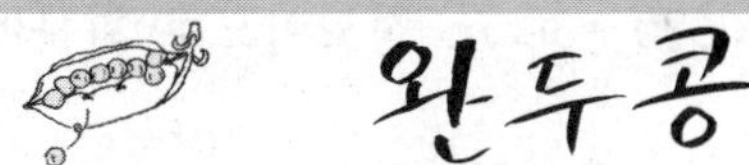

완두콩

- 발아적온 : 10 ~ 25℃
- 생육적온 : 12 ~ 18℃
- 연　　작 : 불가(4년)
- 용기재배 : 가능
- 난 이 도 : 낮음

월	1	2	3	4	5	6	7	8	9	10	11	12
작업내용					수확					파종		

　　장미목 콩과의 한·두해살이풀로서, 높이 1.5~3m까지 자라나 왜성종의 줄기 높이는 약 50cm이다. 열매를 맛있게 먹을 뿐만 아니라 봄에 피는 아름다운 꽃은 색도 여러 가지이며, 놀랄만큼 예쁘기 때문에 가정에서 재배하기에 적당하다.

　　특별히 토질은 고르지는 않지만 배수가 잘 되는 중성 토양을 좋아하며, 비교적 선선한 기후에서도 잘 자란다.

♣ 재배

1) 품종 고르기

　　꼬투리가 연한 연협종(軟莢種)과 단단한 경협종(硬莢種)이 있는데, 연협종은 꼬투리째 삶아서 먹을 수 있다. 덩굴 없는 품종은 키가 20~30cm 정도이므로 화분에 심기에 적당하다.

2) 정지와 파종

밭은 햇볕이 잘 드는 곳을 택한다.

1㎡당 화성비료 100g, 인산비료 50g, 고토석회 약 80g을 살포하고 흙과 잘 혼합시킨 다음, 넓이 50cm, 높이 20cm의 골을 만들어서 30cm 간격으로 종자를 심는다.

파종 시기는 9월 하순에서 10월 상순까지가 적당하며, 한 곳에 4~5알씩을 점뿌리기로 심는다.

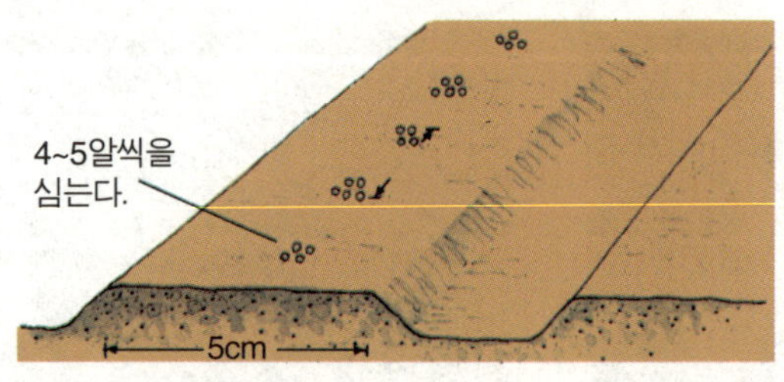

3) 발아 후의 관리

싹이 돋아나면 한 곳에 2~3개를 남기고 모두 솎아 주며, 12월로 접어들면 간단한 서리가리개로 덮어 준다.

봄까지는 별로 생장하지 않으므로 포기 밑에 흙 돋우기를 하면 방한의 효과가 있고, 겉짚이나 보온덮개를 덮어 주면 좋다. 터널이나 비닐 등으로 밀폐하면 도리어 웃자라 좋은 효과를 거둘 수 없다.

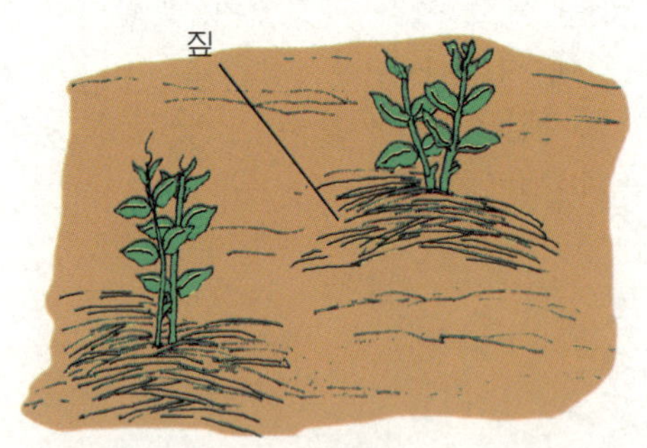

4) 추비와 지주 세우기

봄이 되어 기온이 상승하면 생육도 활발해진다. 2월 하순경 포기 주위에 속효성 복합비료를 1㎡당 20g 정도 준다. 이때 질소 성분을 많이 주지 않도록 주의하며, 인산이나 초목회를 많이 주도록 한다.

4월 상순이 되면 생장이 빨라지므로, 덩굴성인 품종에는 높이 1.5m 정도의 지주를 세워서 덩굴을 유인하도록 한다.

● 지주

① 고사목을 이용한 지주

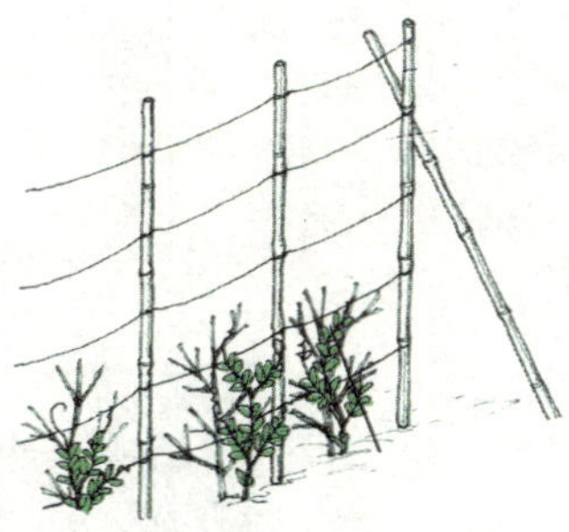
② 대나무를 이용한 지주

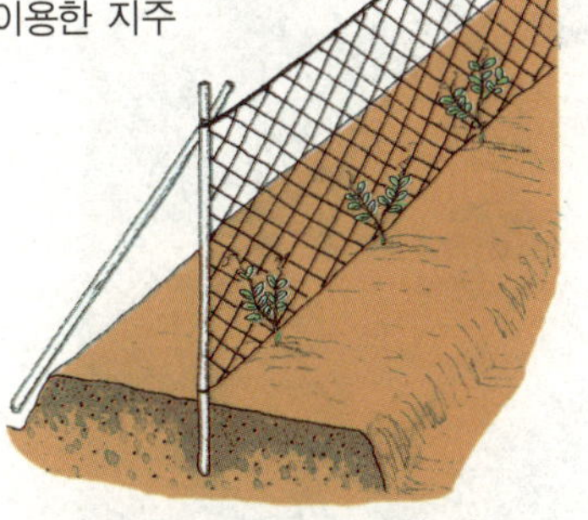
③ 철사와 그물을 이용한 지주

5) 병충해

파종 후부터 이른봄까지는 병충해가 거의 없으나, 기온이 상승하면 응애, 흰가루병, 해충 등이 발생하기 쉬우므로, 적절히 약제를 살포해서 방지하도록 한다.

♣ 수확

4월 하순부터 수확할 수 있는데, 꼬투리완두는 꼬투리의 길이가 10~15cm가 된 것을 순차로 수확하며, 경협종은 푸른색이 없어져서 속의 열매가 충분히 둥글게 되었을 때 수확한다.

종자가 성숙하기 전에 수확한 파란 것을 생두(生豆, 그린피스)라고 하며, 이것은 통조림으로 만들어 먹거나 밥에 놓아 먹는다.

오크라 (오구리아욱)

- 발아적온 : 25 ~ 30℃
- 생육적온 : 25 ~ 30℃
- 연　작 : 불가
- 용기재배 : 부적합
- 난 이 도 : 낮음

월	1	2	3	4	5	6	7	8	9	10	11	12
작업내용				파종			수확					

　무궁화목 무궁화과의 여러해살이풀로, 높이 1~2m까지 자라는 열대성 식물이다. 열대에서는 높이 6m에 이르기도 하지만 약간의 서리에도 말라 죽기 때문에 우리 나라에서는 한해살이풀로 재배한다. 잎은 어긋나고 길이 15~30cm이며, 손바닥 모양으로 3~5개로 갈라지고 긴 잎자루가 있다.

　꽃은 여름부터 가을에 걸쳐 잎겨드랑이에서 중심이 빨간 유백색의 지름 5~7cm의 꽃이 피는데, 밤부터 이른 아침까지 꽃잎이 벌어지고 낮 동안에는 닫힌다.

　꼬투리는 길이 10~30cm이고, 모서리가 5개 있는 뿔 모양으로, 끝이 뾰족하고 표면에는 단단하고 짧은 털이 나 있고 익으면 목질화 한다.

　꽃이 핀 후 2~4일이 지나 길이가 4~8cm가 된 연하고 어린 꼬투리를 따서 식용하는데, 서양요리의 중요한 재료이다.

어린 꼬투리는 살짝 데쳐서 둥글게 썰어 뒤섞으면 향긋한 점액이 나오는데, 독특한 맛이 있어서 식도락가들에게 환영을 받는다.

무침·샐러드·튀김·프라이에 쓰이며, 국·수프에도 좋다.

완전히 익은 종자는 볶아서 커피 대용으로 쓰기도 한다.

♣ 재배

1) 이랑 만들기

밭을 갈아엎을 때 1㎡당 퇴비 2kg, 고토석회 100g 정도를 주어 토양을 중성화시킨다. 그리고 4, 5일이 지난 다음 복합비료 150g 정도를 주고 잘 섞어서, 폭 1m가량의 이랑을 만든다.

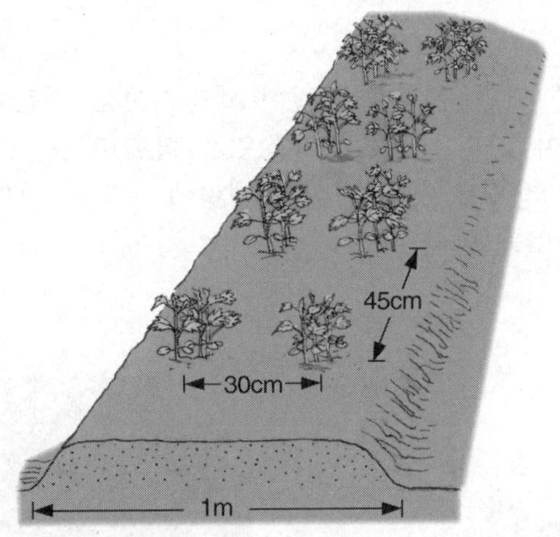

2) 파종

씨앗의 껍질이 매우 단단하므로 한 이틀 동안 미지근한 물에 담가 불리도록 한다.

너무 일찍 뿌리면 저온 때문에 발아하는 시간이 길어지고 초기 생육도 나쁘므로, 기온이 충분히 상승한 4월 말에서 5월 상순에 심는 것이 좋다.

묘 사이를 30cm 정도로 하고 한 군데에 3~4알씩 뿌린다. 파종 후 물을 충분히 주도록 한다.

3) 발아 후의 손질

싹이 돋아나면 줄기가 굵고 건강한 것을 2개 남기고 솎아낸다. 좀더 성장해서 본 잎이 3~4장이 되면 한 곳에 1개만 남기고 나머지는 모두 솎아 버린다.

● 솎음

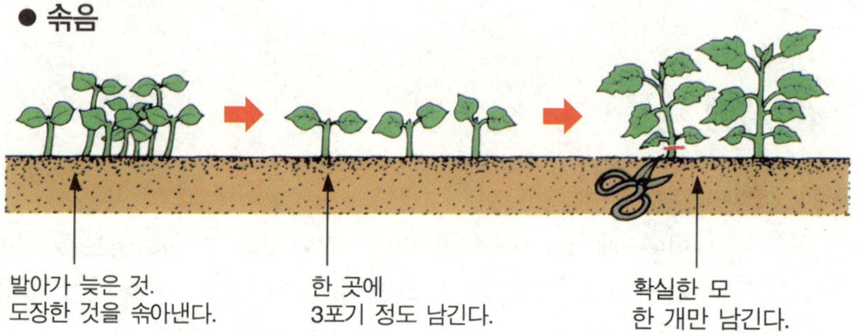

4) 추비와 복토

뿌리 길이가 40cm쯤 되면 갑자기 성장이 빨라지므로 비료가 부족하지 않도록 유의해야 한다. 이때 웃거름으로 화학비료를 2주일에 1회 1㎡당 50~60g 정도를 포기 사이와 이랑에 주도록 한다. 그리고 넘어지지 않게 복토를 한다.

● 추비

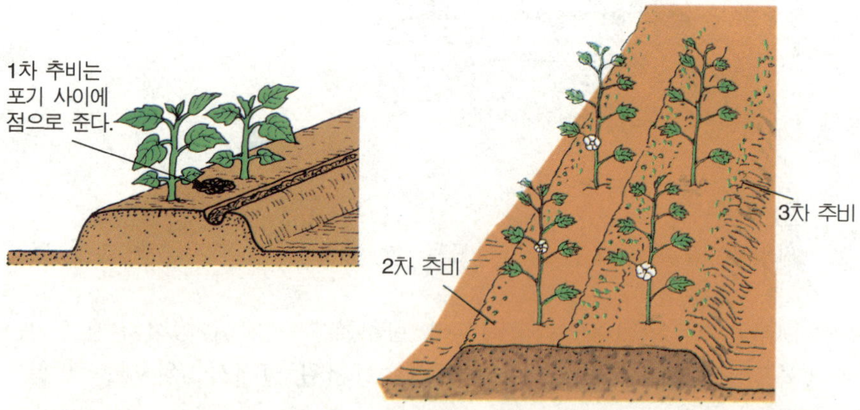

2, 3차 추비는 밭에 골을 만들어 준다.

● 복토

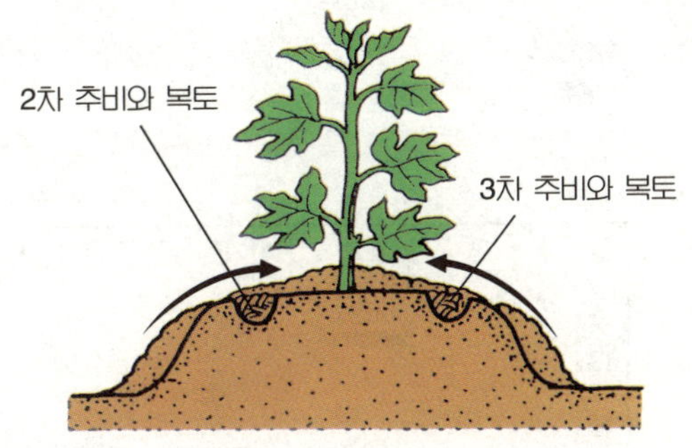

♣ 병충해

선충에 약하므로, 선충 발생이 심한 밭에는 심지 않는 것이 좋다. 고온 건조가 계속되면 딱정벌레의 발생도 우려된다.

♣ 수확

개화 후 7~10일 뒤에 어린 꼬투리를 딴다. 수확이 늦어지면 꼬투리가 딱딱해서 품질이 떨어지고, 수확량도 많이 감소된다.

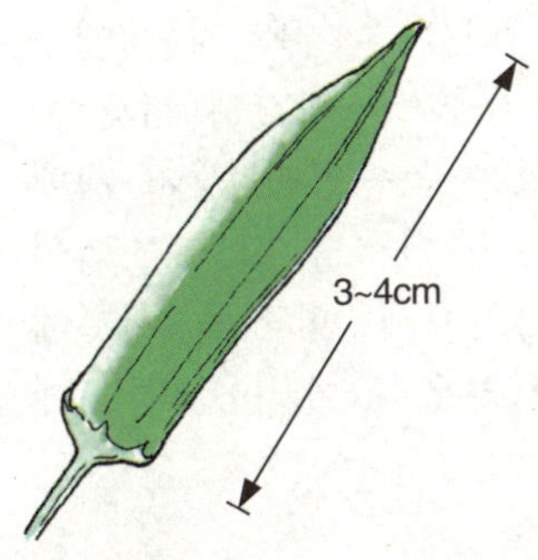

① 꼬투리의 길이가 3~4cm가 되면 수확한다.

② 가위로 잘라 준다.

순무 

- 발아적온 : 15 ~ 20℃
- 생육적온 : 15 ~ 20℃
- 연　작 : 가능
- 용기재배 : 가능
- 난 이 도 : 보통

월	1	2	3	4	5	6	7	8	9	10	11	12
작업내용			파종			수확						
						파종●		수확				
							파종●			수확		

　순무의 원산지는 중앙아시아이며, 우리 나라에 들어온 지는 매우 오래되었다. 잎과 뿌리는 중요한 채소가 되며, 일명 제갈채(諸葛菜)라고도 한다. 가정원예로 쉽게 재배할 수 있는 품종이며, 상자 재배도 가능하다. 선선한 기온을 좋아하고 영하 5°에서도 시드는 법이 없으나, 건조와 고온에는 약하다. 품종도 다양해서 흰 것을 비롯해 빨강, 노랑, 보라, 검정 등 실로 여러 가지가 있으며, 요리에 따라 매우 다양하게 이용된다.

♣ 재배

1) 정지(整地)
흙에 대한 적응도가 높아서 아무 곳에서나 잘 자란다. 그러나 순무의 뿌리는 처음에 깊게 뻗어 나가고, 그 다음에는 지표 부분으로 퍼지는 성질이 있으므로, 흙이 너무 딱딱하면 뿌리가 잘 굵어지지 않는 성질이 있다.

그래서 밭을 잘 갈아엎고 석회와 퇴비를 뿌려두면 좋다.

밭의 흙을 부드럽게
갈아엎는다.

2) 품종 고르기

순무는 소형종과 대형종으로 구분된다. 가정 재배에서는 수확 기간이 40~50일 정도로 짧은, 작은 순무를 재배하는 것이 좋다.

대표적인 품종은 '금정', '천왕사', '개량박다', '일야채', '근강', '애야홍' 등이 있다.

3) 파종

① 봄 파종

3월 중순에서 4월 하순경까지 파종을 하는데, 이때는 발아하기에 적당한 기온이므로 누구라도 실패하지 않고 재배할 수 있다. 기온이 그다지 높지 않으므로 병충해의 염려도 없고 별 탈 없이 잘 자라므로, 이때가 가장 이상적인 파종 시기이다.

② 여름 파종

7월 상순경, 장마가 시작되기 이전에 파종을 한다. 그때는 건조하지도 않고 기온도 비교적 선선하므로 재배가 가능하다. 그러나 장마철이 끝나고 파종하게 되면 고온과 건조로 잘 자라지 않는다.

여름에 파종하면 병충해가 많으므로 가끔 약제를 뿌려 주어야 한다.

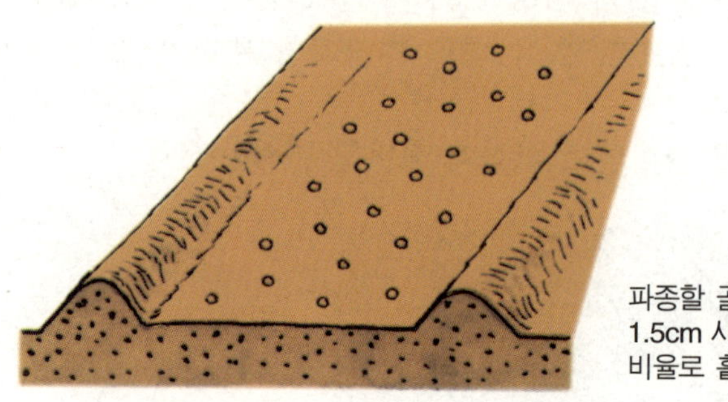

파종할 골을 만들고
1.5cm 사방에 1알 정도의
비율로 흩어 뿌린다.

복토는 얕게 하고
건조하지 않게 한다.

③ 가을 파종

아침 저녁의 기온이 비교적 선선해지는 9월 상순경 파종을 한다. 가정원예 재배에 적당한 시기이다. 초기에 병충해를 방지하면 별 탈 없이 잘 자란다.

4) 파종 방법

순무의 씨앗은 매우 작으므로 공을 들여서 뿌려야 한다.

우선 밭을 평편하게 고른 다음, 건조되지 않도록 물을 충분히 주어야 한다. 씨를 뿌린 다음 복토는 공을 들여서 하고, 흙을 깊게 묻지 않도록 한다.

5) 솎음

밀생한 순무는 계속 솎아내면서 키운다. 첫 회 솎음은 발아 후 본 잎이 나왔을 때 실시하고, 두 번째 솎음은 본 잎이 2~3장이 되었을 때 실시하며, 3회째 솎음은 본 잎이 6~7장이 되었을 때 실시한다. 이때 발육이 나쁜 것과 너무 가까운 것은 솎아내어 간격을 3cm 정도는 되게 한다.

① 발아한 상태. ② 본 잎 1장일 때 솎아낸다. ③ 본 잎 3장일 때 솎아낸다.

⑤ 알 순무는 지름이 4~5cm만
되면 수확한다.

④ 본 잎 5~6장일 때
솎아내기를 끝낸다.

6) 중경

단단해진 포기 밑둥의 흙을 부드럽게 하는 것을 중경이라 하는
데, 두 번째 솎음을 할 때와 마지막 솎음을 할 때 중경을 함께 한
다.

7) 추비

중경을 할 때 복합비료를 1㎡당 한줌씩 뿌려 주고, 건조하지 않
도록 늘 물을 충분히 준다.

중경과 추비를 한다.

♣ 병충해

진딧물과 심식충(어린 싹의 속을 갉아먹는 벌레)이 발생하므로 살충제를 적당히 뿌려 준다.

♣ 수확

작은 순무는 지름이 4~5cm 정도 자라면 수확하는데, 오히려 약간 빠른 수확이 더 좋다. 품종에 따라서 각기 고유의 크기가 있고, 그 크기까지 자라면 아무리 밭에 오래 두어도 더 이상 커지지 않으므로, 되도록 잎이 싱싱할 때 큰 것부터 차례로 수확하는 것이 좋다.

● 여러 가지 모양의 순무

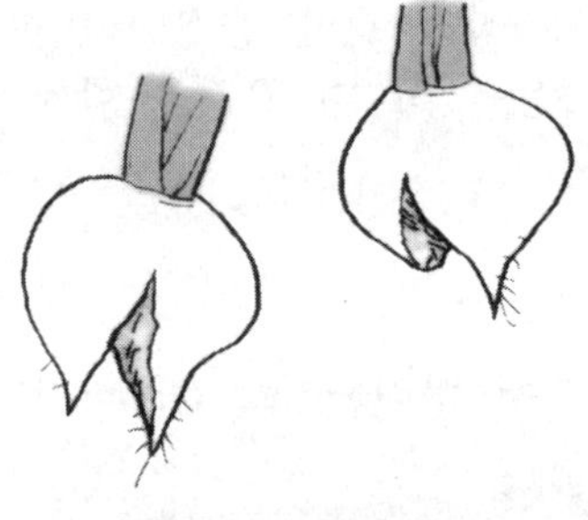

너무 건조하면 뿌리가 갈라지기 쉽다.

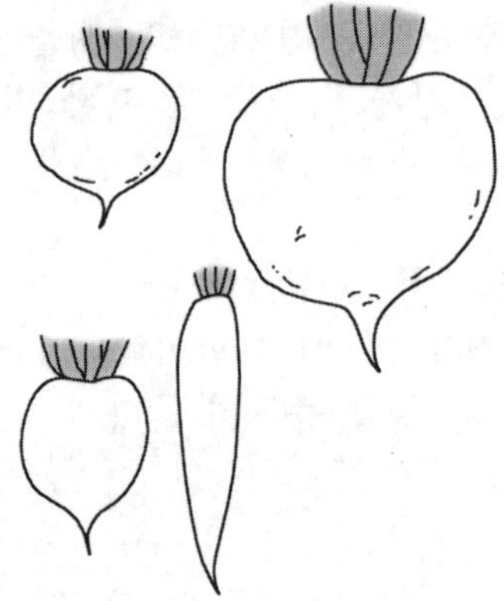

호박

- 발아적온 : 28 ~ 30℃
- 생육적온 : 25 ~ 30℃
- 연　　작 : 가능
- 용기재배 : 부적합
- 난 이 도 : 보통

월	1	2	3	4	5	6	7	8	9	10	11	12
작업내용			파종 ●──── X ────		정식		수확		(촉성 재배)			
			파종 ●────					수확	(직파 재배)			

　박목 박과 덩굴성 한해살이풀인 호박속에 속하는 채소로써 야생종은 11종이지만, 재배종은 '동양호박', '서양호박', '페포호박', '야생호박' 등이 있다.

　꽃은 6월부터 서리 내릴 때까지 계속 핀다. 열매는 품종에 따라 크기·형태·색깔이 다르지만, 모두 열매와 어린 순과 잎을 식용한다.

　과채류 가운데 가장 강건하고 흡비력이 강하며, 척박한 땅에서도 잘 자라지만 서리에 약하므로 만상(晚霜)일이 지난 다음에야 노지재배가 가능하다.

　병충해에도 강하고 특히 연작이 가능한 유일한 과채류라고 할 수 있다.

한 포기만 심어도 많은 면적을 차지하므로, 마당에 심을 때는 담장을 타고 올라가게 한다든지 혹은 해를 가리는 그늘로 이용하는 등 긴 덩굴의 속성을 잘 활용할 수도 있다.

♣ 재배

1) 재배 장소
웬만한 공터에서는 모두 재배가 가능하다. 길게 뻗는 덩굴을 적당히 유인할 수 있는 장소만 있으면 토질은 별로 가리지 않는다.

2) 품종
재래종 호박은 수확이 많지 않다. 그러나 요즘은 마디마다 잘 열리는 '다다기 호박'이라는 개량종이 나와서, 어린 호박을 많이 따는 데 이용되고 있다.

'재래종 호박', '조생 풋호박', '얼룩 풋호박', '다보도 풋호박', '사철 애호박' 등 각 종묘사에서 발표한 많은 품종이 있다.

3) 모종 내기
봄에 시장에 나가면 파는 모종이 있는데, 호박 모종은 내기 쉬우므로 좋은 씨앗을 골라 집에서 내면 더욱 바람직하다.

노지 재배용 묘를 만들려면, 이른봄 벚꽃이 필 무렵 지름이 9cm 정도 되는 작은 포트에 두 알씩의 종자를 심어 온실이나 따뜻한 실내에 넣어 두면 쉽게 발아한다.
　대량으로 모종을 낼 때는 비닐 하우스 안에 넣어 두면 된다. 발아하면 세력이 강한 것을 남기고 나머지는 솎아 버리고, 본 잎이 3~4장이 되도록 기른다.

▲ ▶ 다량으로 재배하는 호박 묘

4) 노지에 직파

　노지에 직파할 때는 호박 구덩이를 포기 간격 90cm 정도로 깊고 넓게 파서, 그 속에 잘 부식된 퇴비를 5kg 정도 주고 다시 구덩이를 보드라운 흙으로 덮어 준다.
　여기에 한 곳에 4~5개의 씨앗을 뿌리고 흙을 덮어둔다. 본 잎이 2~3장이 나오면 한 포기만 남기고 모두 솎아 버린다.

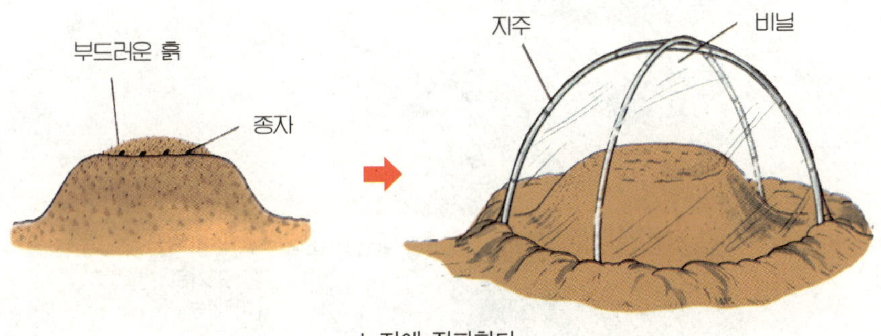

노지에 직파한다.

5) 정식

서리가 내릴 염려가 없을 때 밭에 정식한다. 직파해서 비닐을 씌운 경우는 이때 비닐을 벗겨 준다. 보통 품종은 이랑 넓이를 2m 정도로 하고 포기 사이도 90cm 정도로 하며, 높고 튼튼한 유인 장치를 한다. 덩굴이 뻗지 않는 품종은 이랑 사이를 1.2m, 포기 사이를 50cm 정도로 한다.

호박은 비료 흡수가 왕성한 품종이므로, 성장하는 것을 보고 수시로 추비를 한다.

6) 정지와 유인

덩굴이 뻗으면, 어미덩굴과 아들덩굴 가운데 가장 튼튼한 것 한 개를 남기고 모두 자른다. 그리고 어미덩굴과 아들덩굴을 서로 반대쪽으로 유인한다.

● **모종의 솎음**

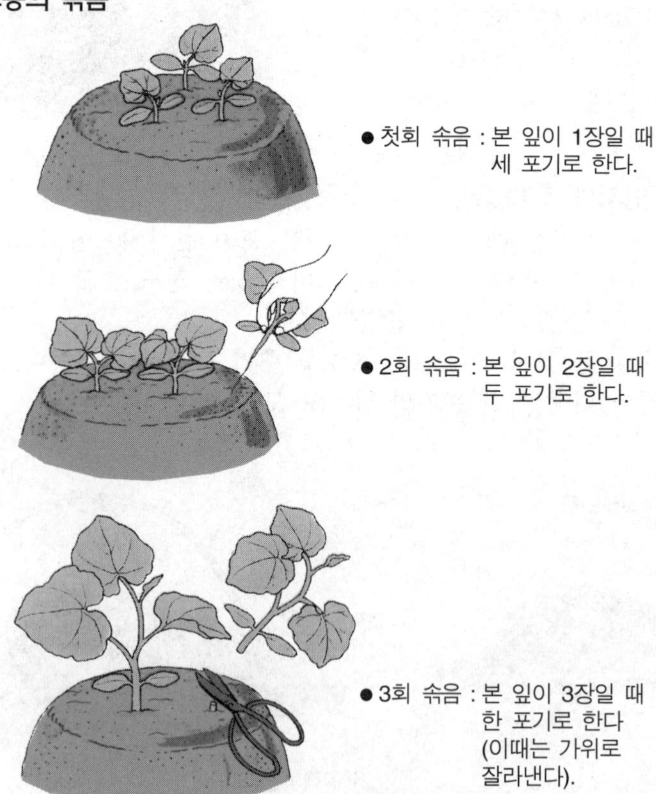

7) 인공수분

호박은 벌이나 나비의 수분 작용이 없으면 잘 결실되지 않으므로, 암꽃이 개화한 날 아침, 늦어도 9시경까지는 수꽃의 수술에 있는 꽃가루를 암꽃의 주두(柱頭)에 인공수분한다.

이때 수술의 꽃가루를 붓이나 새의 깃털에 묻혀서 암꽃의 주두에 발라 주어도 좋고, 수꽃의 수술을 꽃잎을 떼어내고 직접 발라 주어도 좋다.

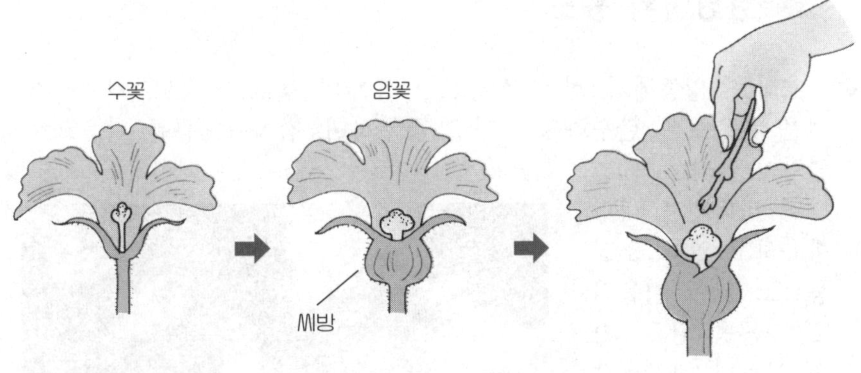

8) 추비

질소가 과다하면 결실이 잘 되지 않고 잎만 무성하게 되므로, 과실이 주먹만할 때까지는 추비를 하지 않는 것이 좋고, 그 뒤 초세가 약하면 복합비료를 뿌리에서 30~40cm 정도 떨어진 곳에 한줌씩 준다.

● **추비와 유인**

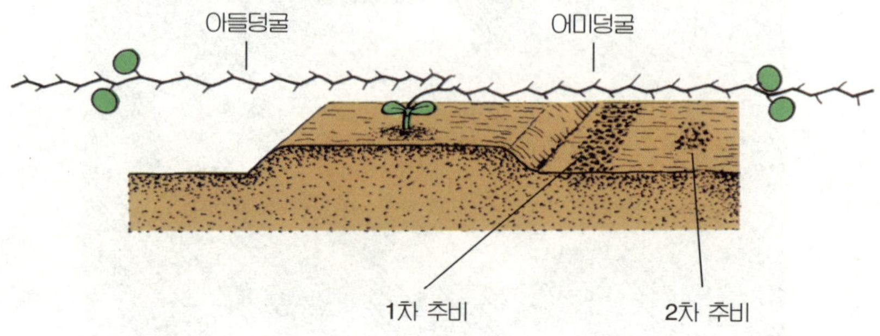

♣ 수확

재래종은 꽃이 피고 나서 40일 전후가 수확의 적기이다. 그러나 너무 크기 전에 애호박으로 수확하면 맛이 좋다. 마디호박이나 앉은 호박은 애호박으로 수확하는 것이 수확도 많고 맛도 좋다.

♣ 영양가와 용도

호박은 병충해가 적은 작물로 방충제의 필요도 적고, 재배하기 쉬운 채소로서 탄수화물이 가장 풍부하며, 감자류·콩류 다음으로 열량이 높다.

또 비타민을 다량 함유하고 있다. 조리용으로 많이 이용되고, 가공용 원료·가축 사료나 관상용으로 쓰이기도 한다.

그밖에 오이·멜론·수박 등의 내병성접본(耐病性接本)으로도 쓰인다.

양배추

- 발아적온 : 15 ~ 25℃
- 생육적온 : 15 ~ 25℃
- 연　작 : 가능
- 용기재배 : 가능
- 난 이 도 : 낮음

월	1	2	3	4	5	6	7	8	9	10	11	12
작업내용		수확		(여름 심기)			파종	청식				수확
				수확		(가을 심기)		파종	정식			

　양배추를 일명 감람(甘藍)이라고도 한다. 중요한 소채로서 우리 식탁에 없어서는 안 될 만큼 큰 비중을 차지하며, 일년 내내 시장에 출하된다.

　파종·수확기에 따라 '봄 양배추', '여름·가을 양배추', '겨울 양배추'로 나뉜다.

　봄 양배추는 9~10월에 파종하고 모종으로 월동하여, 이듬해 늦봄에서 초여름에 걸쳐 수확한다.

　여름·가을 양배추는 2~6월에 파종하여, 6~9월에 수확한다.

　겨울 양배추는 6~8월에 파종하여, 10월부터 이듬해 4월에 걸쳐 수확한다.

♣ 춘파 재배

여름에 씨앗을 뿌려, 가을과 겨울에 수확하는 것을 춘파 재배라
고 한다.
온난한 남부 해안지방에서나 비닐 하우스에서 가능한 재배 방법
이다.

1) 파종 적기와 묘상

파종 적기는 7월 하순에서 8월 상순의 더운 여름이다. 종자는 육
묘상자를 이용해서 뿌린다.
상토를 상자의 80% 정도 채우고 약 1cm 간격으로 씨앗을 뿌린
다음 마르지 않도록 물을 주고 시원한 그늘을 만들어 준다.

● 육묘상자

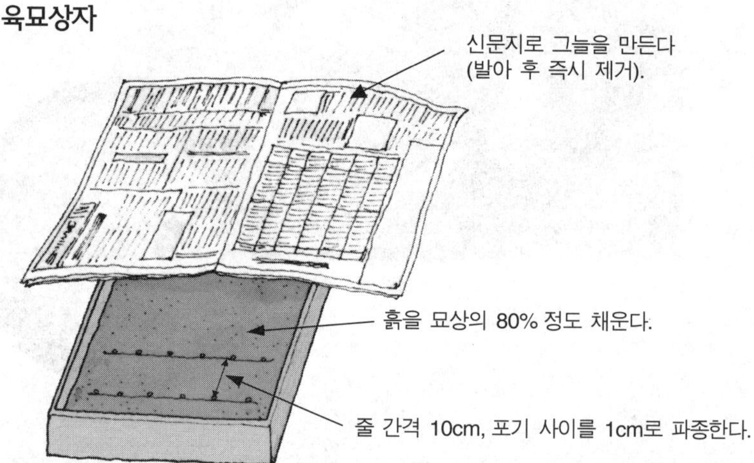

2) 발아 후의 관리

4~5일이면 발아하는데, 발아하면 액비를 주어 성장을 촉진시키
고, 본 잎이 2~3장이 되었을 무렵에 옮겨 심는다. 포기 수가 많지
않을 때는 포트나 화분에 한 포기씩 옮겨 심는다. 물을 자주 주며,
본잎이 5~6장이 될 때까지 튼튼하게 기른다.

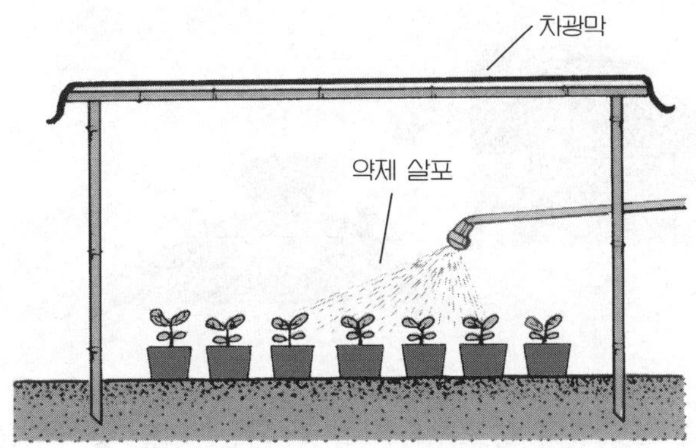

모를 포트에 옮겨 심고 시원하게 관리한다.

3) 정식

햇빛이 잘 드는 밭을 골라 단보(보통 300평을 말함)당 질소질 25kg, 인산 12kg, 가리 15kg 정도를 주고, 깊이 20~30cm까지 잘 갈아엎어서, 폭 30cm, 높이 10cm, 통로 30cm 정도의 이랑을 만든다.

묘는 8월 하순에서 9월 상순에 포기 사이 30~40cm 정도로 심는다. 이때 뿌리가 끊어지지 않고, 잎이 시들지 않게 적당히 물을 주면서 심는다.

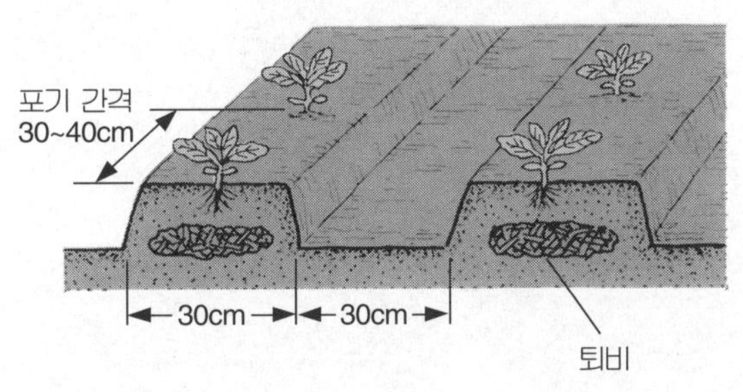

4) 정식 후의 관리

생육적온 가까이 정식을 하였으므로, 활착하면 성장이 매우 빨리 이루어진다.

정식 1개월 후에 1차 추비를 하는데, 속효성 비료를 약간 주며 흙 돋우기를 한다. 그리고 성장하는 것을 봐서 월동 전에 한번 더 추비를 주고, 바람에 넘어지지 않게 뿌리 부근에 흙을 돋우어 준다.

5) 관수

양배추는 보수력이 좋고 배수도 잘 되는 땅을 좋아하므로, 표토가 마르면 적당히 관수를 해서 잎이 마르지 않게 한다.

♣ 병충해

고온일 때는 해충에 의한 피해가 많아 배추흰나비 유충과 밤나방 유충은 잎을 갉아먹고, 진딧물류는 잎의 즙을 빨아먹는다.

땅강아지 등은 어린 묘의 뿌리를, 또아리벌레와 민달팽이는 줄기와 잎을 갉아먹는다.

적당한 살충제를 쓴다.

♣ 수확

결구가 잘 되어 손으로 눌러서 단단해졌을 때, 포기당 약 1~1.5kg이 되면 수확한다.

♣ 추파 재배

가을에 씨앗을 뿌려, 다음해 봄에 수확하는 것을 추파 재배라고 한다.

온난한 남부 해안지방에서나 비닐 하우스에서 가능한 재배 방법이다.

1) 파종

파종 시기가 매우 중요하다. 저온기를 묘상에서 지나게 되므로 꽃눈이 분화하기 쉽고, 봄이 되면 꽃대가 자라 결구하지 않는 경우가 있으므로 각별히 주의해야 한다.

그러므로 9월 상순에서 하순경에 파종하는 것이 좋다. 이 시기는 지방에 따라 다소의 차이가 있고, 또한 매우 예민하므로 그 지방 농촌지도소나 독농가에 자문을 구해서 파종하는 것이 안전하다.

● 결구 상태

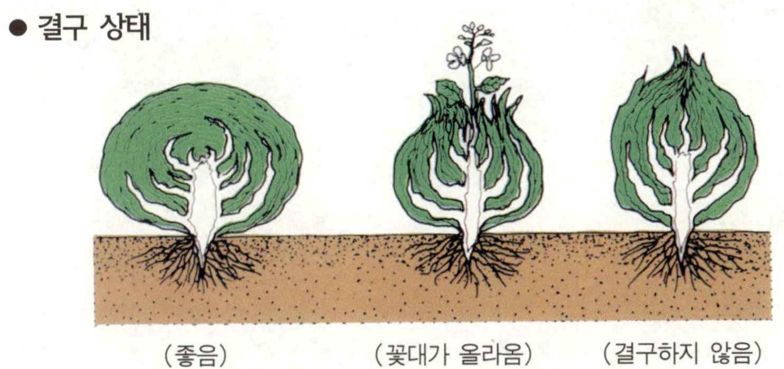

2) 정식

햇빛이 잘 드는 밭을 골라 단보당 질소질 25kg, 인산 12kg, 가리 15kg 정도를 주고, 깊이 20~30cm까지 잘 갈아엎는 것은 춘파 재배 때와 같다.

폭 30cm, 높이 10cm, 통로 30cm 정도의 이랑을 만들어서 포기 사이를 약 30cm 정도로 해서 약간 촘촘하게 심는다. 활착할 때까지 물을 주어, 춥기 전에 뿌리가 땅 속 깊게 뻗도록 초기 관리를 잘 해야 한다.

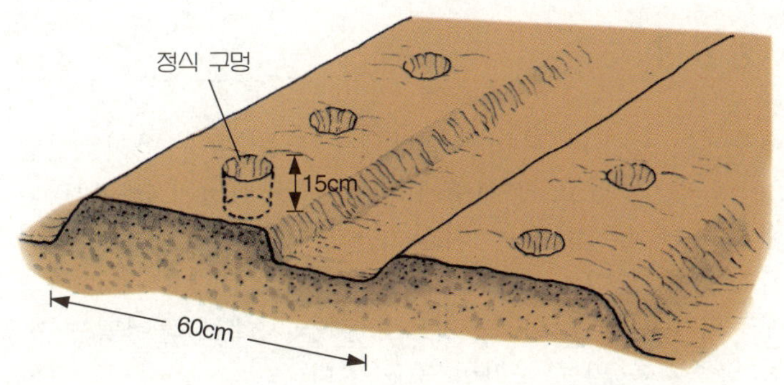

3) 정식 후의 관리

정식 후 약 1개월 후에 추비를 한 번 주고 복토를 충분히 한 다음, 동해를 입지 않도록 추운 지방에서는 비닐을 덮는다.

봄이 되어 따뜻해지면 복합비료를 추비하고, 뿌리가 바람에 움직이지 않도록 흙을 덮어 준다.

♣ 병충해 방지

여름 파종과 같은 요령으로 한다.

♣ 수확

저온으로 인해 여름 파종한 것보다 크지 않는데, 약 0.8~1kg 정도 자라면 결구가 잘 된 것부터 수확한다.

눌러 보고 단단한 것을 수확한다.

옆으로 약간 밀고 뿌리를 자른다.

열구된 것은 상품 가치가 없다.

♣ 영양가

양배추에는 양질의 칼슘과 야채에는 드문 필수 아미노산인 리신(lysine)이 들어 있고, 양배추 100g에는 단백질 1.4g, 비타민 A는 카로틴으로 $18\mu g$, B_1, B_2가 각각 0.5mg, C가 44mg 함유되어 있어 영양가가 아주 높다.

양배추의 종류에는 비결구형으로 잎을 차례로 뜯어먹는 케일, 순무처럼 알줄기를 먹는 콜라비 등도 있다.

- 발아적온 : 10 ~ 25℃
- 생육적온 : 15 ~ 25℃
- 연　작 : 가능
- 용기재배 : 불가
- 난 이 도 : 높음

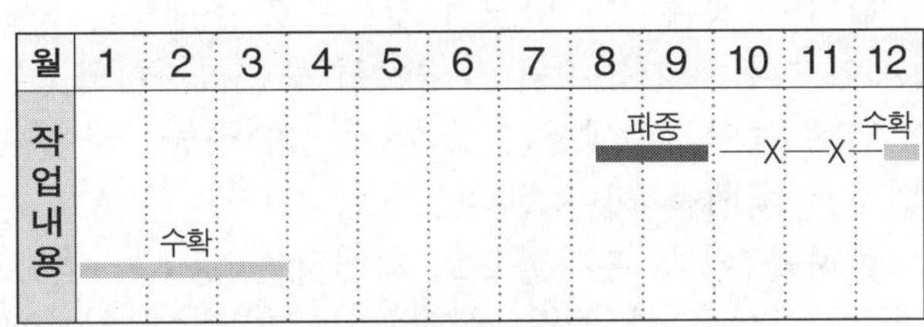

월	1	2	3	4	5	6	7	8	9	10	11	12
작업내용								파종		—X—	—X—	수확
		수확										

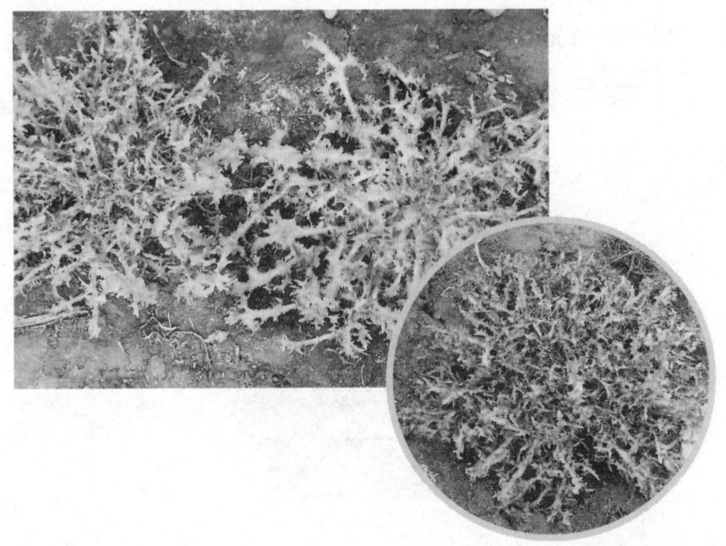

　치커리는 일본 원산의 채소로, 상추와 비슷하나 잎에 깊은 톱니가 상추보다 더 깊게 나 있고 색이 더 희다. 내한성이 강하므로 이른봄에 절여서 먹거나 생채로 맛있게 먹을 수 있는 좋은 야채이다.

　품종으로는 조생종, 중생종, 만생종이 있는데, 조생종은 '녹선(綠扇) 1호', 중생종은 '녹선(綠扇) 2호', 만생종에는 '천근만생경채(千筋晩生京菜)'가 있고, 이밖에 잎에 특히 톱니가 많은 '천근경채(千筋京菜)'가 있다.

♣ 재배

1) 파종

발아 적정온도가 비교적 낮으므로 조생종은 8월 중하순부터 뿌릴 수 있으나, 적기는 9월 상순에서 중순까지이다.

남부 해안지방에서는 노지 재배가 가능하나 중부 이북지방에서는 하우스 재배를 해야 한다.

출하를 위해 본격적으로 재배하는 경우는 육묘상자를 만들어 묘를 기른 다음 한 주씩 정식하지만, 가정 재배는 직파하는 경우가 더 편리하다.

이랑 나비는 60cm 정도로 하고, 생장에 따라 여러 번 솎음을 해서 최종적으로는 포기 사이를 25~30cm 정도가 되게 한다.

● 묘상

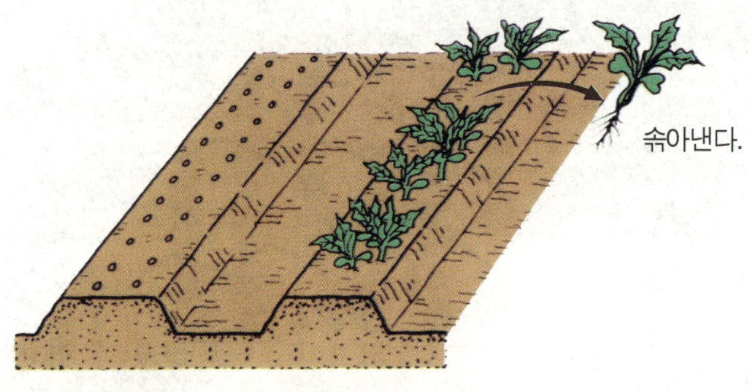

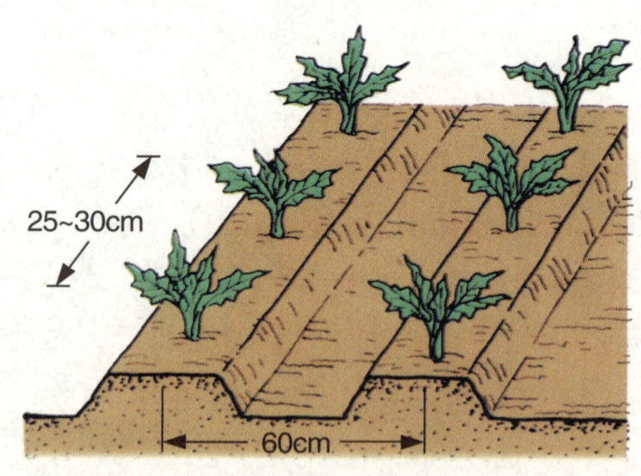

2) 비료

파종하기 전에 땅을 잘 갈아엎고 굵은 흙덩어리를 보드랍게 한
다음, 퇴비를 1㎡당 한 소쿠리 정도 주고 복합비료를 한 홉 정도
주어 묘상을 만든다.

♣ 관리

늘 마르지 않도록 물을 충분히 준다. 수분이 부족하면 좋은 상품
을 얻을 수 없다. 묘상에 짚을 깔아 주는 것도 한 방법이다.
추비는 질소질을 조금씩 주도록 한다.

♣ 병충해

배추벌레가 잘 발생하므로, 일찌감치 1~2회 살충제를 치도록 한
다.

♣ 수확

12월에서 다음해 3월까지 수확한다. 잘 자란 큰 포기부터 수확한
다.

쇠귀나물 

- 발아적온 : 구근 재배
- 생육적온 : 15~25℃
- 연　　작 : 불가
- 용기재배 : 가능
- 난 이 도 : 보통

월	1	2	3	4	5	6	7	8	9	10	11	12
작업내용				정식							수확	

　풀 길이는 약 1m, 잎새는 삼각형으로 길이 30~40cm이며, 잎자루는 50~70cm이고, 기부(基部)가 넓은 잎집으로 싸여 있다.

　가을에 꽃줄기에서 흰색의 꽃이 돌려 난다. 진흙 속에 땅속줄기가 뻗고 가을에는 그 끝에 둥근 모양의 덩이줄기가 달린다. 중국과 일본에서는 덩이줄기를 식용하기 위해 논에 재배하는데, 봄에서 여름에 걸쳐 덩이줄기를 논에 심어 생육에 따라 덧거름·소독·제초 등의 관리를 하며, 지상부가 마르는 가을부터 다음해 봄까지 수확한다.

　가정에서는 쓸모가 없는 큰 용기를 땅에 묻거나 비닐로 수조를 만들어서 심을 수 있는데, 관상용으로도 아주 좋다.

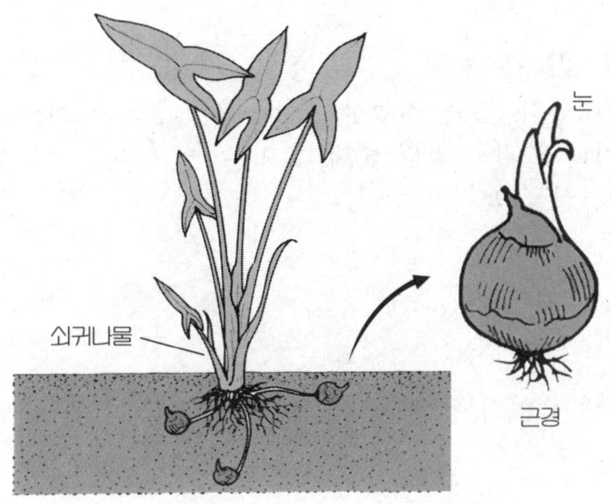

♣ 재배

1) 심기

씨를 심는 적기는 4월 하순에서 5월 상순경까지이다. 용기에 물을 충분히 넣고, 논과 같은 환경을 만들기 위해 흙을 물과 잘 섞는다.

이때 약간의 복합비료를 준다. 용기의 크기에 따라 심는 묘의 수가 달라지는데, 1㎡당 2~3개가 적당하다. 씨는 깊이 흙 속 5cm 정도에 심고, 심은 다음 깊이 5cm 정도로 물을 대준다.

● 용기 재배

● 종자 심기

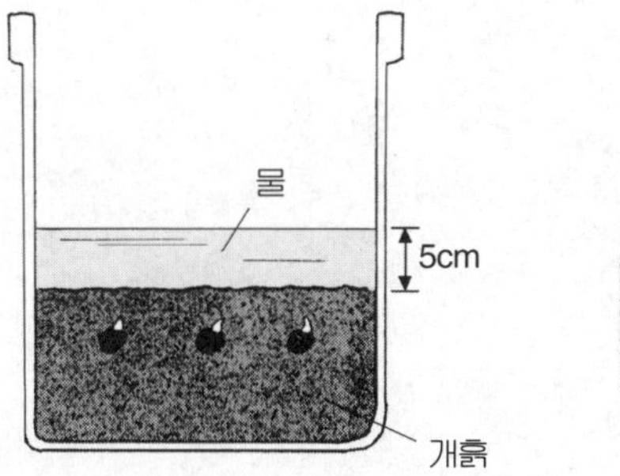

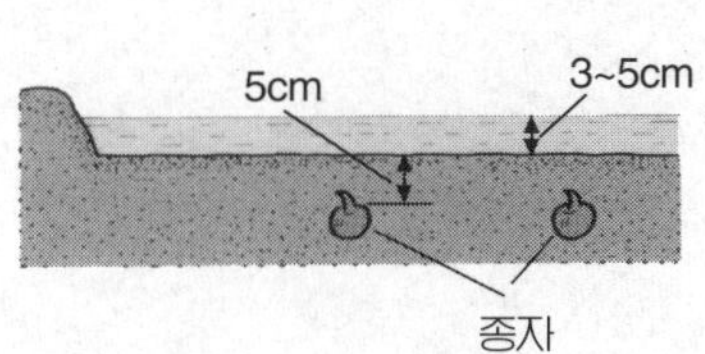

2) 관리

물이 마르지 않도록 자주 돌보고, 8월까지 2~3회 정도 약간의 화학비료를 추비한다. 잎은 건강한 것 6~7장 정도를 키우고, 옆에 나는 작은 잎이나 줄기는 잘라 준다. 잎이 너무 혼잡할 정도로 방치해 두면 좋은 결실을 맺지 못한다.

♣ 병충해

특별한 병충해가 없다.

♣ 수확

8~9월, 곁눈이 땅 속으로 들어가 맨 끝 부분이 부풀어 작고 단단한 구근이 되는데, 전부 따내지 말고 1~2개 남겨두는 것이 좋다. 남겨둔 것이 다음해 싹이 터서 가을에 또 수확할 수 있기 때문이다.

우엉

- 발아적온 : 25 ~ 30℃
- 생육적온 : 20 ~ 25℃
- 연　　작 : 불가(2,3년)
- 용기재배 : 부적합
- 난 이 도 : 보통

월	1	2	3	4	5	6	7	8	9	10	11	12
작업내용				파종							수확	
	수확											

　국화과의 두해살이풀로 뿌리를 식용 목적으로 재배하며, 어린 줄기와 잎도 먹는다. 중국에서는 씨앗을 우방자(牛蒡子)라 하여 이뇨제로 쓰고 있다.

　채소로는 일본에서 발달되었는데, 한국에 들어와 재배가 증가되고 있다. 뿌리에는 45%의 이눌린과 소량의 팔미트산이 들어 있고 비타민류는 적다. 영양가는 그다지 높지 않으나 섬유질을 많이 함유하고 있어 변통(便通)에 효과가 있다.

♣ 재배

1) 재배 적지

모래가 많고 토심(土深)이 깊은 곳이 적당하다. 점토질(粘土質)이 많은 곳에서는 뿌리가 갈라지며 잔털이 많이 생긴다.

밭에 심을 때는 가급적 흙을 깊게 갈아서 부드럽게 해 둔다. 또한 미리 고토석회를 뿌려 토양의 산성화를 수정해 둔다.

2) 품종

품종은 일본에서 분화되었는데, 다음과 같은 것이 있다.

① 장근종(長根種) : 붉은 줄기의 '용야천군(瀧野川群)'과 흰 줄기의 '찰황군(札幌群)'으로 나뉘는데, 20여 품종이 알려져 있다. '용야천'과 '도변조생(渡邊早生)', '중궁(中宮)', '사천(砂川)' 등이 대표적인 품종이다.

② 단근종(短根種) : '대포(大浦)', '추(萩)' 등이 있다.

3) 파종

4~5월에 파종하는데, 좋은 우엉을 얻으려면 양지바른 밭에 폭 30cm, 깊이 50cm 정도의 도랑을 파서 거기에 고토석회·인산가리·복합비료를 뿌리고, 파낸 흙에 퇴비를 고루 섞어서 구덩이를 다시 메우고, 그 위에 폭 40cm, 높이 20cm 정도의 묘상을 만든다.

종자는 5cm 간격으로 촘촘하게 점뿌리기를 한다.

● 파종 준비

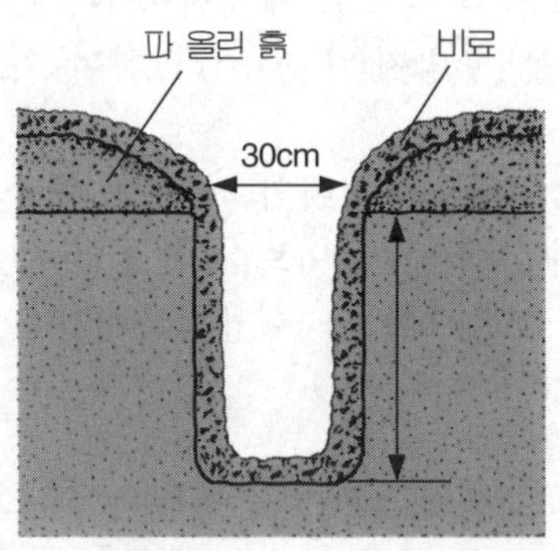

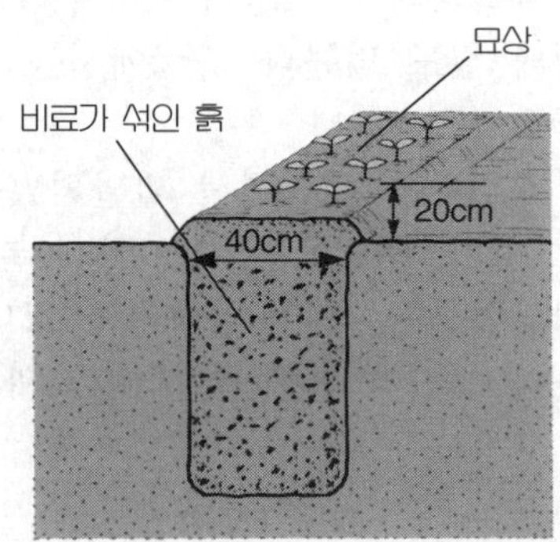

4) 발아 후의 손질

발아 후 본 잎이 3~4장 되었을 때 포기 간격을 10~15cm 정도로 솎아 준다. 이때 1차 추비를 하고 뿌리 부근에 흙 돋우기를 해 준다.

본 잎이 7~8장이 되면 2차 추비를 하고, 다시 흙 돋우기를 하며, 여름 건조기에 마르지 않게 관수를 한다.

● 솎음

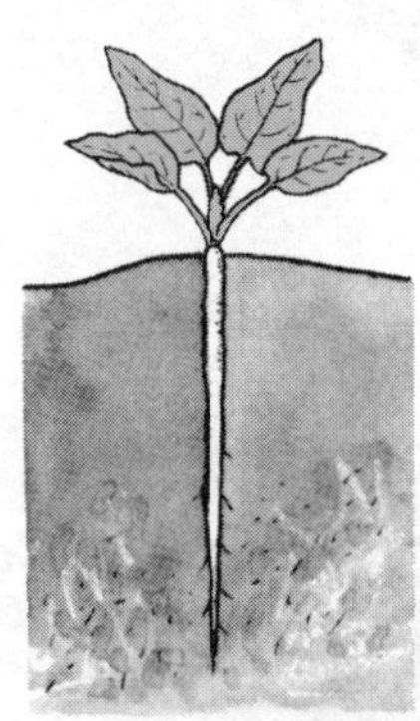

잎이 위로 잘 뻗은 것을 남긴다.

잎이 위로 잘 뻗지 않은 것을 솎아낸다.

♣ 수확

뿌리의 지름이 1cm 정도이면 수확할 수 있다. 그러나 본격적인 수확 시기는 10~11월이며, 이때 잎을 따내고 포기 곁을 깊게 파서 뽑아낸다.

가을에 수확하지 않고 그냥 두면 다음해 싹이 돋아나는데, 그때 수확하면 육질도 나쁘고 향기도 적으므로, 반드시 가을에 캐거나 이른 봄 싹이 돋아나기 전에 캐도록 한다.

● 흙 돋우기와 추비

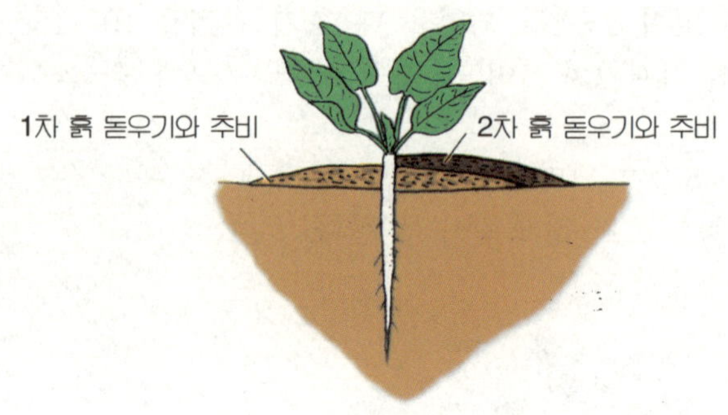

● 수확

♣ 병충해

우엉은 강건하여 병이 거의 없고, 해충은 진딧물 정도이다. 내한성이 극히 강하여 북만주에서도 월동이 가능하며, 내서성도 비교적 강하여 아열대에서도 재배할 수 있다.

♣ 영양가

탄수화물이 많으며 소화가 잘 되지 않는 한편, 섬유질이 많아 변비에는 좋으나 영양가는 낮은 야채이다.

평지

- 발아적온 : 15 ~ 30℃
- 생육적온 : 18 ~ 20℃
- 연　작 : 가능
- 용기재배 : 가능
- 난 이 도 : 낮음

월	1	2	3	4	5	6	7	8	9	10	11	12
작업내용							파종					
		수확				수확					(터널)	

　배추과의 두해살이풀로 유채(油菜)라고도 한다.

　여기서는 채종(採種)해서 기름을 짜는 것이 아니고, 어릴 때 잎을 생채로 먹을 목적으로 기르는 것을 말한다.

　순무에서 파생된 것으로 생각되며, 이른봄 다른 채소가 없을 때 귀하게 먹을 수 있는 신선한 봄 채소이다. 생육온도는 18～20℃이지만 2～3℃에서도 동해를 입지 않고 잘 월동한다.

♣ 재배

1) 밭 이랑 만들기

밭을 갈아엎을 때 1㎡당 퇴비 2kg, 고토석회 100g을 전면에 뿌리고 잘 갈아엎어 둔다.

5~6일 뒤에 복합비료를 밭 전체에 고루 뿌리고, 약 1m의 묘상을 만든다.

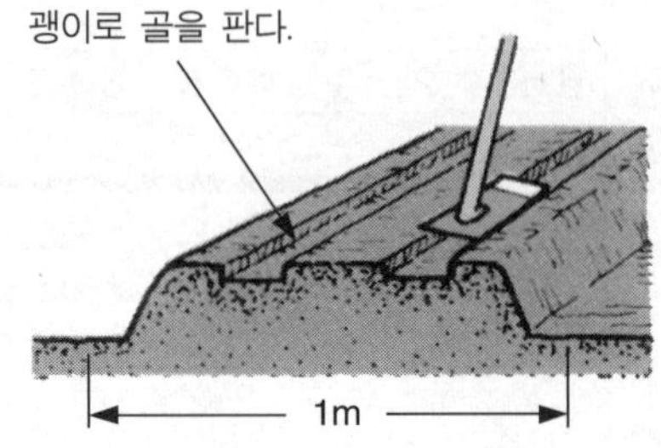

2) 파종

1m 넓이 묘상의 두 곳에 골을 타서 씨앗을 뿌릴 자리를 마련 한다. 씨앗을 뿌릴 골을 넓게 타고, 삽이나 괭이로 다져서 평편하고 단단하게 해 둔다. 거기에 씨앗을 뿌리고, 흙을 가볍게 덮는다.

발아를 돕기 위해, 위에 짚을 덮고 물을 준다. 발아하면 짚은 즉시 제거한다.

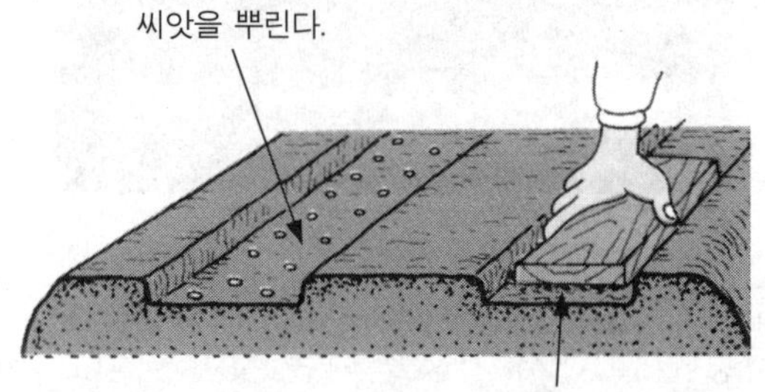

3) 솎음

솎음은 세 번 정도 한다. 첫번은 떡잎이 난 즉시 하고, 다음은 본 잎이 3장 정도일 때, 마지막은 본 잎이 6~7장일 때 실시해서 포기 사이를 4~6cm 정도 되게 한다.

솎음을 한 다음에는 요소를 물에 묽게 타서 저녁 때 준다.

4) 기타 관리

건조하지 않도록 물을 자주 주고, 기온이 너무 차가울 때는 비닐로 덮어서 보온을 한다.

● 여름에 그늘 만들기

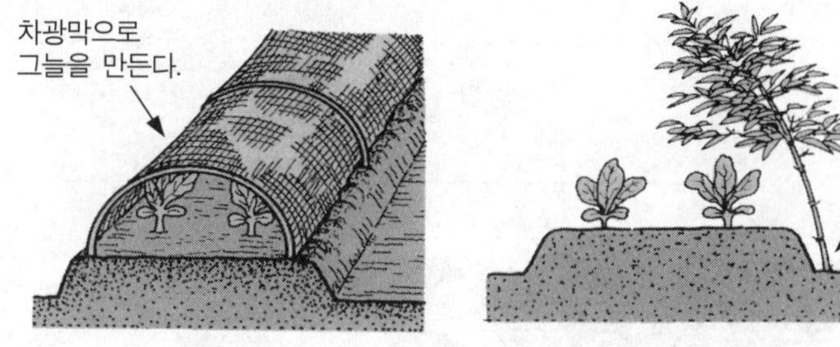

♣ 수확

본 잎이 5장 이상이 될 때부터 수시로 솎음을 해서 먹는다. 연중 파종과 수확이 가능하며, 봄에 심으면 약 50일 후, 여름에 심으면 약 30일 뒤부터 수확이 가능하다.

♣ 용기 재배

대형 화분이나 깊이 10cm 정도인 빈 상자에서도 재배할 수 있기 때문에 쉽게 가정원예로 즐길 수 있다.

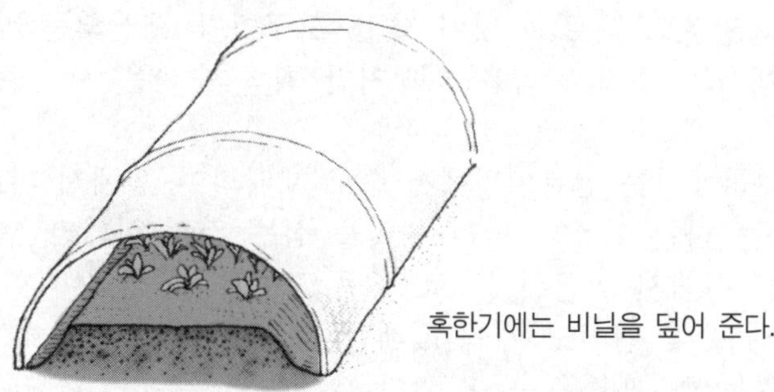

고구마 

- 발아적온 : 25 ~ 30℃
- 생육적온 : 20 ~ 30℃
- 연   작 : 가능
- 용기재배 : 부적합
- 난 이 도 : 보통

월	1	2	3	4	5	6	7	8	9	10	11	12
작업내용					정식 X—				수확			

　고구마는 생육기간 중 평균온도가 22℃가 될 정도로 따뜻한 기온을 좋아하며, 무상일수(無霜日數) 175일 범위인 지역이 재배에 적당하다. 토질은 별로 가리지 않으며, 어디서라도 재배가 가능하다. 건조에는 강하나 배수가 나쁜 땅에서는 잘 자라지 않는다. 사질 토양에서는 생장도 빠르고 맛이 좋은 고구마가 생산되는데, 점질이 많은 땅에서는 초기 생육은 나쁘지만 최종 수확은 사질토보다 더 많다.

　우리 나라에서는 남부지방에서 주로 재배되며, 밭에서 자란다.

　고구마는 다른 채소와 달리 씨앗을 심는 것이 아니라 뿌리가 없는 모종을 심어서 발근시키므로, 좋은 모종을 잘 골라야 한다. 연작이 가능하고 몇 년이고 계속 재배할 수 있으며, 고구마에 별 탈이 생기지 않는 한 계속 심을 수 있다.

♣ 품종

　품종에는 '충승 100호', '수원 147호', '천미', '유심', '호국', '원기' 등 여러 가지가 있으나, '충승 100호'가 품질도 가장 좋고 병충해도 적으며, 맛도 좋아서 가장 많이 재배되고 있다.

♣ 재배

1) 정식 시기

　고구마는 뿌리가 없는 묘를 심어서 발근시키기 때문에 다른 채소와 정식 방법이 좀 다르다.

　그러나 뿌리가 없어도 토양에 수분이 적당하고 기온이 적당하면 거의 완벽하게 발근하므로, 묘 심기가 그다지 어렵지는 않다.

　지온이 15℃ 이상이 되어야 잘 발근하므로, 너무 일찍 심지 않도록 주의해야 하며, 조기 수확을 위해 일찍 심을 때는 비닐을 덮어서 보온해 주는 것이 좋다.

2) 이랑 만들기

　이랑의 폭은 60~70cm 정도로 하지만 다른 채소와 달리 배수를 좋게 하고, 지온을 높이기 위해 이랑의 높이를 40cm 정도로 높게 하는 것이 특징이다. 포기 사이는 약 50cm 정도로 하는 것이 보통이다.

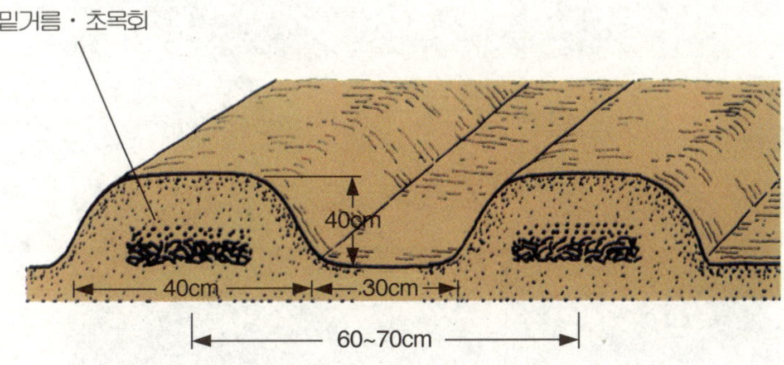

3) 묘 심는 방법

묘는 마디 사이가 짧고 줄기가 굵으며, 잎이 5장 이상 달린 튼튼한 것을 골라야 한다. 구름이 낀 날을 택해서 심는 것이 좋고, 맑은 날에 심을 때는 물을 충분히 주도록 한다.

땅에 묘를 심는 법에는 다음과 같은 다섯 가지 방법이 있다.

① 낚싯바늘 심기
② 수직 심기
③ 비스듬히 심기
④ 깊이 심기
⑤ 수평 심기

①, ②, ③의 방법은 간단하며 빨리 심을 수 있고 땅 속에 깊이 묻히므로 건조한 땅에도 잘 활착된다는 이점이 있다. 그러나 땅 속에 묻히는 마디 수가 적으므로, 수확량이 줄어드는 결점이 있다.

④, ⑤의 방법은 여러 마디가 땅 속에 묻히므로 수확량이 많다는 이점은 있지만 심는 데 품이 많이 들고, 얕게 심기 때문에 건조하기 쉽다는 난점이 있다.

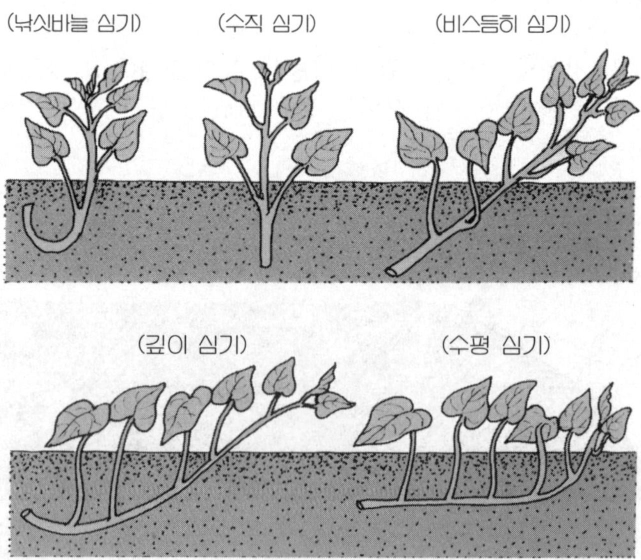

● **좋은 묘와 나쁜 묘**

● **묘 심는 법**

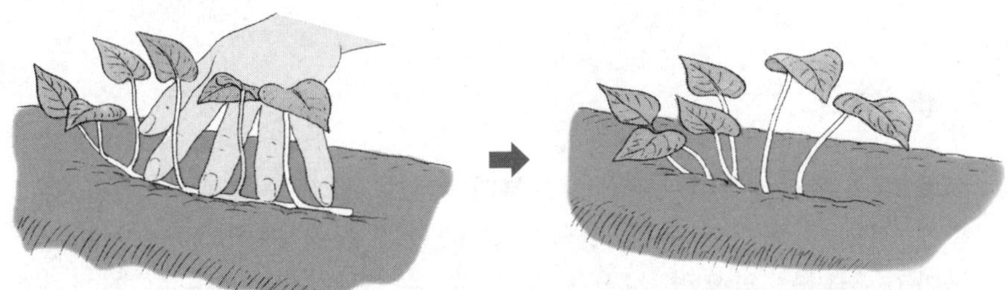

4) 비료 주기

산성에 강하므로 특별히 석회를 뿌릴 필요는 없다. 다만 심기 전에 밑거름을 넣고 잡초를 뽑아 줄 때 이랑 곁에 웃거름으로 화학비료를 주도록 한다.

이때 동시에 흙 돋우기를 한다.

고구마 재배의 포인트는 질소 비료를 삼가고, 가리 비료를 많이 쓰는 것이다. 초목회를 많이 주면 효과적이고 품질도 좋아진다.

● **추비**

5) 관리

어릴 때 잡초를 뽑아 주고, 흙 돋우기를 두 번 정도 한다. 덩굴이 뻗고 자라게 되면 잡초도 나지 않는다.

6) 병충해

고구마는 병충해에 강한 품종이며, 별로 심한 병은 없으나 검은 무늬병이 발생하면 포장을 옮겨서 재배하도록 한다. 그리고 저장 중에 무름병이 생기는 것은 저장 환경이 나쁘기 때문이다.

♣ 수확

빨리 수확하는 것은 8월 하순부터 할 수 있지만 대개는 10월 중순경 서리가 내리기 전에 덩굴을 자르고 뿌리째 캐낸다. 그러나 고구마가 서리를 맞으면 저장을 오래 할 수 없으므로, 반드시 서리가 내리기 전에 캐야 한다.

줄기와 잎도 나물로 먹을 수 있으므로, 서리가 내리기 전에 따서 저장하면 좋다.

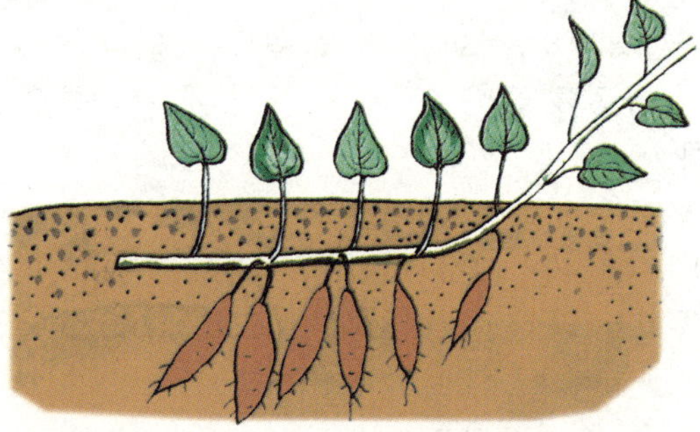

고구마가
달린 모양.

♣ 성분 및 용도

고구마의 성분은 수분 68.5%, 탄수화물 26.4%, 단백질 1.8%, 지방 0.6%이고, 프로비타민 A인 카로틴을 많이 함유하고 있다. 그밖에 비타민 $B_1 \cdot B_2 \cdot C$, 니아신 등을 함유하고 있다. 특히 탄수화물이 다량 함유되어 주식 대용이 가능하며, 예로부터 구황작물로 재배되어 왔다. 간식으로도 이용하고, 엿·과자·잼·당면 등의 원료로도 사용된다. 날고구마를 썰어서 말린 것을 절간(切干) 고구마라고 하며, 저장에 편리하고 알코올의 원료로도 쓰인다. 저장 중에 수분이 감소하고 녹말이 효소의 작용으로 당화되어 매우 달다. 공업용으로는 풀·의약품·화학약품·화장품 등의 원료가 된다. 줄기는 나물로 식용되거나 그대로 또는 발효시켜 사료로 이용한다. 농후 사료로 젖소나 닭에게 주면 소젖과 달걀의 품질을 높일 수 있고, 고구마로 살찌운 돼지는 햄의 원료로 좋은 지방이 축적된다.

♣ 저장

고구마는 저장 중에 무름병이나 검은점박이병이 발생하기 쉽고 냉온 장애도 받기 쉽다. 따라서 저장할 고구마는 서리를 맞지 않은 것을 골라 공기 유통에 주의하면서, 온도 13℃, 습도 85~90%로 저장하는 것이 좋다.

토란

- 발아적온 : 25 ~ 30℃
- 생육적온 : 25 ~ 30℃
- 연　　작 : 불가
- 용기재배 : 부적합
- 난 이 도 : 보통

월	1	2	3	4	5	6	7	8	9	10	11	12
작업내용				심거						수확		

　토란은 인도를 중심으로 그 주변인 동남아시아가 원산지라고 한다. 줄기는 땅 속에서 거의 자라지 않고 비대해져 알줄기나 덩이줄기가 된다. 잎은 길이 1~1.5m이고, 잎새는 입술 모양이나 달걀꼴 또는 심장 모양인데, 길이 30~50cm, 나비 25~30cm나 된다. 오랜 세월을 거쳐 재배해 오는 동안 개화습성이 없어져 가고 있으나 간혹 고온인 해의 가을에 꽃이 피기도 한다.

　우리 나라의 재래종은 대개 일찍 자라는 조생으로서 줄기가 푸르고 새끼토란이 여러 개 달리며 알이 작다.

　덩이줄기는 새끼토란과 어미토란으로 구분하며, 어미토란은 떫은 맛이 강하여 대부분 먹지 못한다. 토란은 고온성 식물로서 고온다

습한 곳에서 잘 자란다.

♣ 품종

토란의 품종은 일본에서 많이 분화 발달하였다. 우리 나라의 재래종은 조생으로서 줄기가 푸르고 새끼토란이 여러 개 달리나 알이 작다. 알이 둥근 것과 길쭉한 두 가지 계통이 있으며, 어미토란은 먹지 못한다.

일본에서 전래된 품종에는 새끼토란용 품종으로 '토수', '석천조생', '적아', '오파' 등이 있으며, 어미토란용 품종으로 '당우', '팔두' 등이 있다.

♣ 재배

1) 씨토란 고르기

종묘상에서 구하는 것이 확실하지만, 시장에서 파는 것을 잘 골라 구입해도 발아가 잘 된다.

이때 저장이 잘 되어 마르지 않고 눈이 또렷한 것을 고른다. 너무 커서 탄력이 없어 보이는 것은 좋지 않다.

2) 심기

4월 중순에서 하순까지지가 토란 심기의 적기다. 포기 사이를 30cm로 하며, 깊이 10cm 정도의 구멍을 파서 토란씨를 심고 흙을 5cm 정도 덮어 준다.

심고 나면 전면에 비닐을 덮어서 보온하면 발아가 빨리 되는데,
발아하면 즉시 비닐을 걷어낸다.

● **묘상**

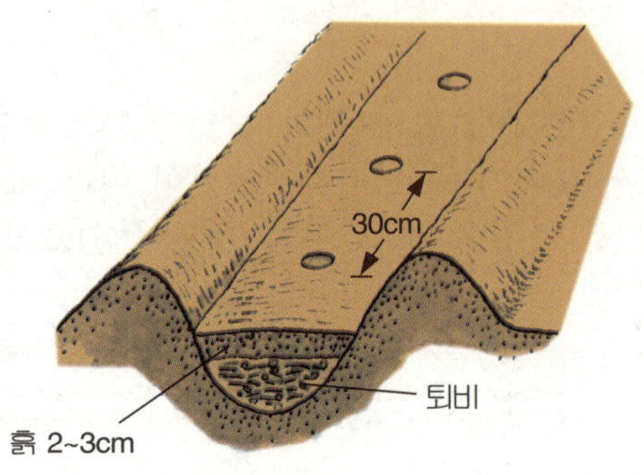

● **멀칭**

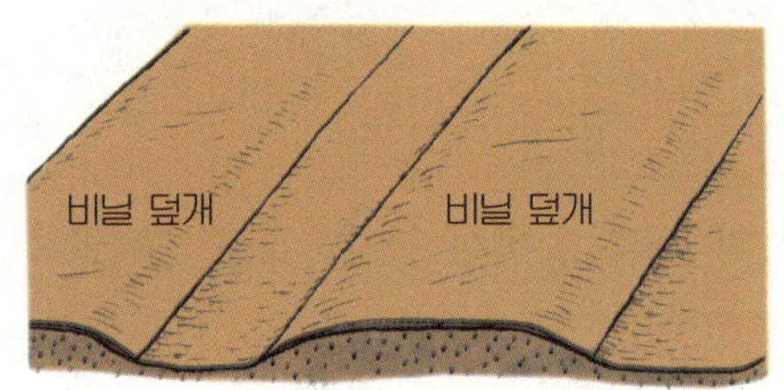

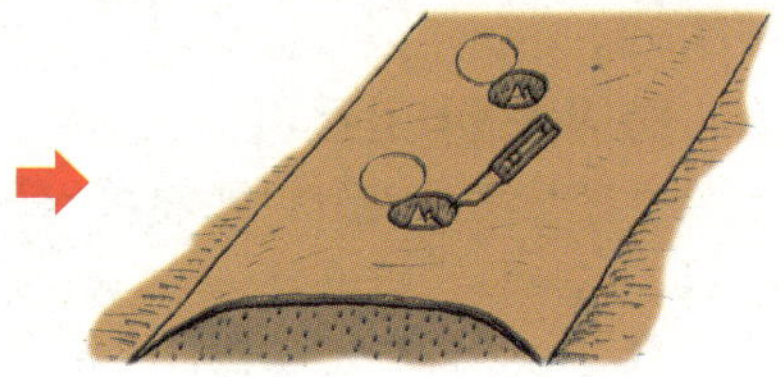

발아 일수를 앞당기기 위해
씨를 심고 비닐을 덮어 준다.

발아하는 즉시 비닐을 도려낸다.

● **모종상자**

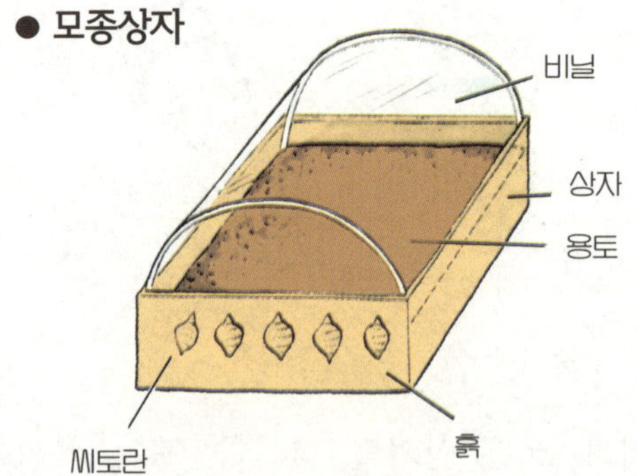

발아를 촉진시키기 위해
모종을 키워서 이식한다.

본 잎이 2장일 때
이식한다.

3) 추비와 관리

5월 중순경부터 약 보름 간격으로 2회 정도 비료를 준다. 어릴 때는 잡초를 뽑아 주지만, 토란이 자라면 잡초가 토란에 묻혀 버리므로 제초작업을 할 필요가 없다. 이때 복합비료를 조금 준다.

● 1차 흙 돋우기

본 잎이 3장이 될쯤에 첫 번째 흙 돋우기를 한다.

웃거름과 함께 포기 밑동의 흙을 일구어 성토한다.

흙 돋우기의 두께는 5cm 이상이 안 되게 한다.

● 2차 흙 돋우기

두 번째의 흙 돋우기는 새로 생긴 토란 싹의 끝까지 흙이 닿을 정도로 복토한다.

곁눈이 뻗은 상태.

4) 짚 깔기와 물 주기

가뭄이 계속되어 건조가 염려되는 경우에는 포기 밑동에 짚이나 건초 따위를 깔아 주고 물을 흠뻑 주도록 한다. 짚을 구하기 어려운 경우에는 물 주기를 한 다음 비닐로 멀칭을 해 주면 건조 방지의 효과가 있다. 그러나 비가 내리면 비닐은 즉시 제거해 주어야 한다.

♣ 병충해

특기할 만한 병충해가 없다.

♣ 수확

조생종의 새끼토란 품종은 7월경부터 수확할 수 있으나 어미토란
은 9월 하순에서 10월에 걸쳐 수확하는 것이 수확의 적기이다.
포기와 포기 사이를 괭이나 호미로 깊게 파서, 상하지 않도록 파
내야 한다. 그리고 가는 뿌리와 함께 잘려서 흙 속에 남아 있는 아
기토란을 찾아낸다.
서리가 내리기 전에 지상부인 줄기도 적당히 잘라서 햇볕에 잘
말려 저장해 둔다.

♣ 영양과 이용

덩이줄기 100g 중에는 탄수화물 12.8g, 단백질 2.6g, 지질 0.2g이
함유되어 있고, 열량은 60kcal이다. 주로 국을 끓여 먹고 굽거나 쪄
서도 먹는다. 인도, 인도네시아 등 열대아시아 지역이 원산이며, 식
용으로 널리 재배한다.

배수가 잘 되는 땅에 묻거나
큰 화분에 담아서 얼지 않고
마르지 않게 저장한다.

들깨

- 발아적온 : 30℃
- 생육적온 : 20 ~ 23℃
- 연　　작 : 가능
- 용기재배 : 가능
- 난 이 도 : 낮음

월	1	2	3	4	5	6	7	8	9	10	11	12
작업내용			파종 ●	— X 정식			잎 수확			꽃송이 수확		

　꿀풀과의 한해살이 식물로 동남아시아가 원산지이며, 길이 1m 정도이고, 번식력이 강해서 봄이 되면 작년에 떨어진 종자에서 자연 발아할 정도이다.

　비교적 추위에도 강하고 여름 더위에도 잘 이겨내며, 일년 내내 채소로서 이용이 가능하다.

　독특한 향기는 생선회나 육류와 함께 곁들여 먹으면 그 맛이 일품이다.

　어릴 때는 솎아서 먹고, 자라면 잎을 따서 먹고, 꽃눈이 분화하면 송이째 따서 튀겨 먹고, 씨앗은 기름을 짜서 먹는 귀중한 채소로서 우리 나라 사람들이 가장 좋아하는 생채 중의 하나이다.

♣ 품종

줄기의 착색 유무에 따라 '적경종(赤莖種)', '청경종(靑莖種)'으로 구분된다. 들깨는 지금 재배하고 있는 재래종에 별로 큰 결함이 없기 때문에 품종 개량이 이루어지고 있지 않아서 명확한 품종은 없다. 그러나 인정되고 있는 품종에는 '달성재래', '칠곡재래', '안동재래', '미국종' 등과 같은 재래종이 있다.

● 들깨의 이용

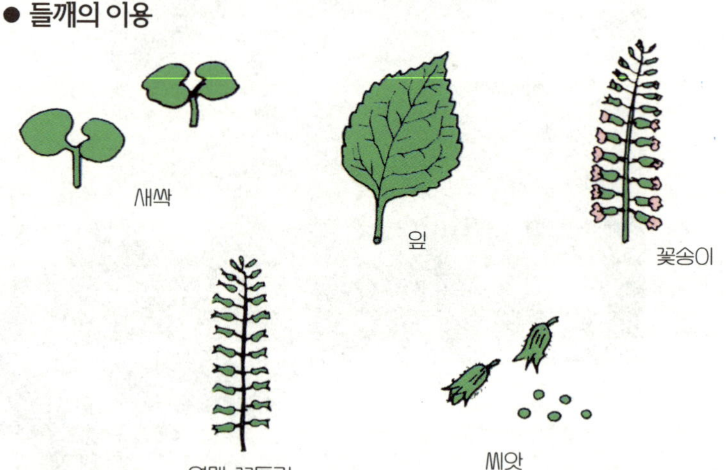

♣ 재배

1) 모종 내기

4월 중순경에 씨를 뿌린다. 육묘상자에 4～5cm 정도로 얕은 골을 파서 씨앗을 뿌리고, 위의 흙을 가볍게 눌려 준다.

들깨의 씨앗은 햇빛을 너무 좋아해서 특별히 흙 속에 묻지 않아도 수분만 적당하면 발아가 잘 된다. 그래서 씨를 뿌리고 위를 지긋이 눌러 씨앗이 흙 속에 꽂히도록만 하면 된다.

2) 정식

초세(草勢)가 강하고 많은 가지가 분지하므로 포기 사이의 간격을 충분히 유지하도록 한다. 비옥한 토지에서 30~50cm 정도로 하는 것이 좋다.

3) 추비와 중경

약 20cm 간격으로 복합비료를 조금 주고, 가볍게 중경(中耕)을 하는 것이 좋다.

♣ 병충해

여름 건조기가 되면 진딧물의 발생이 있으므로, 사전에 잘 방제해야 한다.

♣ 수확

잎은 키가 40cm 정도 자랐을 때 아래쪽 잎부터 수확한다.
꽃송이는 한 송이의 아랫부분이 1/3 정도 개화했을 때 따는 것이 적당하다.

잎은 아래쪽부터 딴다.

꽃송이는 아래쪽이 1/3 정도 개화했을 때 딴다.

꽈리풋고추

월	1	2	3	4	5	6	7	8	9	10	11	12
작업내용	파종 (온실)			정식 X		수확						

- 발아적온 : 20 ~ 30℃
- 생육적온 : 25℃
- 연　작 : 불가
- 용기재배 : 부적합
- 난 이 도 : 보통

열대성 식물이며, 열대에서는 다년생 식물이지만 우리 나라에서는 일년생 식물이다. 근래에 수입된 신품종이며, 매운 고추를 싫어하는 사람들의 사랑을 받고, 풋고추나 무름고추로 쓰이는 품종이다.
수입된 지는 오래지 않지만 고추를 좋아하는 나라답게 여러 종묘사에서 다양한 품종을 개발 중에 있다.

♣ 재배

온상에서 모종을 내야 하므로, 가정 재배를 하는 사람은 모종을 사서 심는 것이 좋다.

1) 묘상 만들기
묘를 심기 약 15일 전에 밭에 퇴비와 고토석회를 충분히 뿌리고 잘 갈아엎어 둔다. 그런 다음 묘를 심기 약 3일 전에 복합비료를 뿌리고 폭 1m, 높이 15cm 정도의 묘상을 만든다.

2) 모종 심기

고추를 심는 법과 같은 방법으로 하면 된다. 잎이 7~8장 붙은 튼튼한 묘를 포기 사이 40cm 정도로 묘상 위에 두 줄로 심는다. 이 때 물을 충분히 주어 활착이 잘 되게 한다. 너무 깊게 심으면 활착이 잘 되지 않고 생육도 나빠지므로, 깊게 심지 않도록 한다.

3) 지주

정식 후 넘어지지 않게 지주를 세운다. 고추의 지주 세우는 방법과 같은 요령으로 하면 된다.

4) 가지 고르기

1번 꽃 아래에서 나온 곁가지 두 개를 길러 주지와 함께 세 가지를 키운다. 그 아래 나오는 곁가지는 모두 따 주고 방임하지만, 초세가 강하여 너무 복잡해지면 통풍과 채광이 잘 되도록 복잡한 곳의 가지를 솎아 준다.

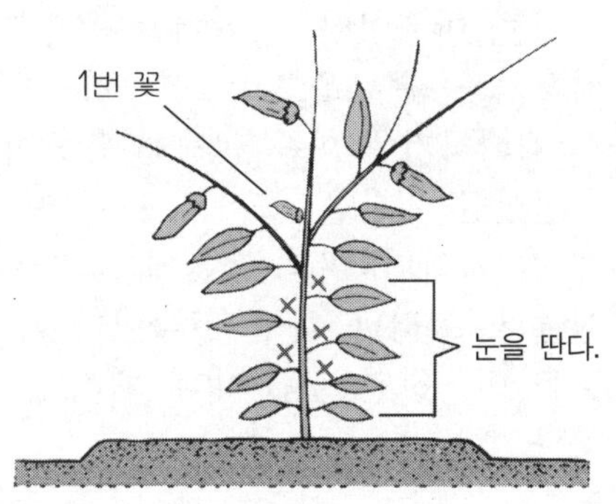

5) 추비

잎의 색을 잘 관찰하고, 비료가 부족하지 않도록 복합비료를 약 20일 간격으로 조금씩 준다.

6) 관수

여름철 고온 건조할 때 물을 아침, 저녁으로 충분히 준다.

♣ 수확

풋고추일 때 따며, 나무에서 익히지 않아야 한다. 특히 1번 열매는 빨리 따야 다음 열매들이 잘 된다.

솎음배추 

- 발아적온 : 15 ~ 20℃
- 생육적온 : 15 ~ 20℃
- 연　　작 : 가능
- 용기재배 : 적당
- 난 이 도 : 낮음

월	1	2	3	4	5	6	7	8	9	10	11	12
작업내용			파종					파종	수확			

　　배추의 일종인 '솎음배추'는 누구든지 어디에서나 손쉽게 재배할 수 있는 보편적인 채소인 동시에 가장 많이 이용되는 야채이다. 생육기간도 짧고 재배하기도 손쉬우므로, 상자나 화분에서 재배하기에 아주 적당한 품종이다.

　　선선한 기온을 좋아하여 봄과 가을에 잘 자라며, 여름 고온에는 기르기가 힘들다. 그러나 나무 그늘이나 시원한 곳을 이용하면 일년 내내 재배가 가능하다.

♣ 재배

1) 묘상 만들기

　　토질은 특별히 가리지 않으나 배수가 잘 되는 사질양토가 가장 좋다. 씨 뿌리기 15일 이전에 밭에 고토석회를 충분히 뿌리고 갈아 엎어 둔다. 폭 90cm, 높이 10cm 정도의 묘상을 만들어서 씨를 뿌리는데, 묘상을 만들 때 1㎡당 퇴비 다섯 삽, 복합비료 세 컵 정도를 뿌려서 흙과 잘 혼합해 둔다.

2) 씨 뿌리기

봄에는 3월에서 5월까지, 가을에는 9월경에 씨를 뿌리는데, 씨앗이 작으므로 너무 깊게 묻히지 않도록 주의해야 한다. 더욱이 씨 뿌리고 위에 덮는 흙은 덩어리가 지지 않는 보드라운 흙을 덮도록 한다.

● 묘상

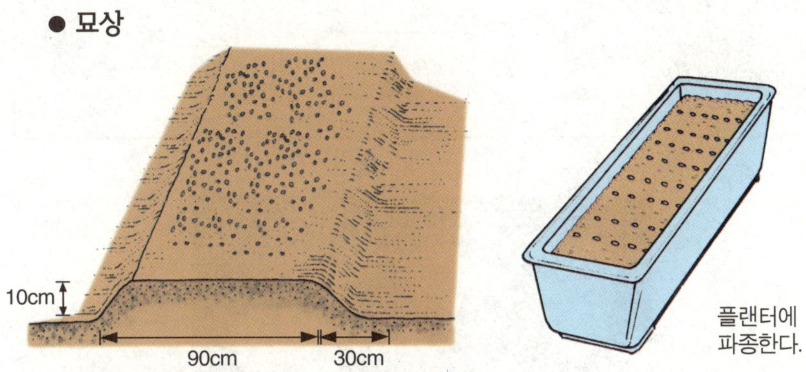

3) 관리

발아하면 수시로 물을 주어 마르지 않도록 하며, 발아 후 2주일이 되면 요소를 소량 물에 타서 액비로 시비한다.

♣ 병충해

배추벌레와 진딧물, 응애 등이 끼기 쉬우므로 잘 관찰해서 적당한 살충제를 살포한다. 이 채소는 생채로 먹는 경우가 많으므로, 약제 살포 후 15일 이내에는 수확이 불가능하다. 그러므로 수확을 고려해서 약 치는 시기를 잘 조절해야 한다.

♣ 수확

본 잎이 3장 이상 되었을 때부터 계속 솎아 먹다가, 포기 사이가 15cm 정도가 되면 그대로 키워 가며 밭 한쪽에서부터 모두 캐낸다. 그리하여 수확이 다 끝났을 때 다시 파종한다. 생육 기간이 짧으므로 여러 번 갈아서 수확할 수 있다.

감자 

- 발아적온 : 15 ~ 20℃
- 생육적온 : 15 ~ 25℃
- 연　　작 : 불가
- 용기재배 : 부적합
- 난 이 도 : 낮음

월	1	2	3	4	5	6	7	8	9	10	11	12
작업내용		정식 X————————				수확 ▦					수확 ▦	

　감자는 땅속줄기의 각 마디에서 보통 1개씩의 가는 줄기가 나와 그 끝이 비대해져서 우리가 먹는 덩이줄기인 감자가 형성된다.

　재배하는 데는 비교적 한랭한 지역의 배수가 잘 되는 밭이 적당하다. 주로 봄에 씨감자를 2~4등분하여 밭에 심고 영양생식으로 덩이줄기를 여름에 수확하는데, 지역에 따라서는 여름에 심어 가을에 수확하는 경우도 있다.

　남미 안데스산 지방이 원산지라는 감자는 동서양은 물론 온 세계에서 많이 재배되는 야채로서 가장 많이 보급되어 있다.

♣ 재배

1) 밭이랑 만들기

초겨울, 밭 전체에 고토석회를 충분히 뿌려서 흙을 풍화시켜 둔다. 그리하여 감자 심을 때가 되면 이랑 사이를 60~70cm, 깊이 15cm 정도의 골을 파서 그 속에 퇴비를 1㎡당 1.5kg, 복합비료를 0.3kg 정도 뿌리고 흙을 5cm 정도 덮어서, 진한 비료가 감자와 직접 닿지 않게 한다.

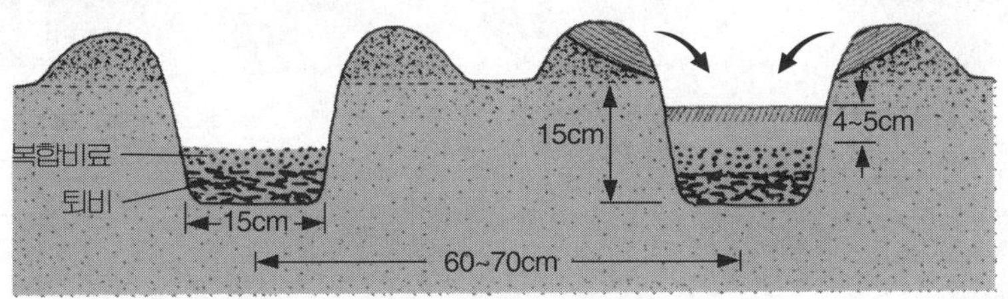

석회를 뿌려서 풍화시킨 땅에 깊게 골을 판다.

2) 품종 고르기

조생종이 재배하기 쉬우므로, 남작(男爵)종을 택하는 것이 좋다. 수확이 많으며 품질도 좋은 대관령에서 보급되는 대표적인 품종이다.

이 외에도 '농림 1호', '케네백', '세코' 등도 가꾸기 쉽다.

3) 씨감자

눈이 충실하고 활동하려는 기미가 보이는 감자를 씨감자로 고른다. 감자는 일정 기간 휴면하고 그 시기가 지나면 눈이 트기 시작한다. 이와 같은 상태에 있는 감자를 씨감자로 골라야 한다.

너무 일찍 휴면에서 깨어난 종자는 영양 손실이 커서 발아 후 잘 자라지 않으며, 휴면에서 너무 늦게 깬 것은 발아와 생육이 평균보다 늦다.

씨감자의 크기가 달걀만하면 2등분하고, 그것보다 크면 네 토막을 내며, 달걀보다 작은 것은 통째로 쓴다.

씨감자를 자를 때는 잘린 부분에 또렷한 눈이 고루 배치되도록

신경을 써서 자르며, 적어도 3개 이상의 충실한 눈이 한 종자에 붙
어 있도록 해야 한다.
　썩는 것을 막기 위해 자른 부분에 재를 바르는 것이 좋다.

●씨감자 자르기

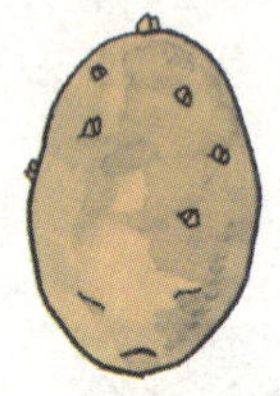

① 달걀보다 작은
　것은 통째로
　사용한다.

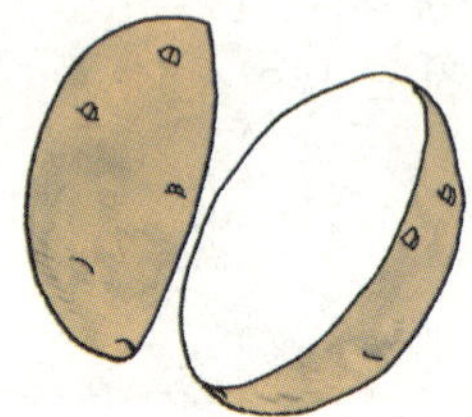

② 달걀만한 것은 두
　개로 가른다.

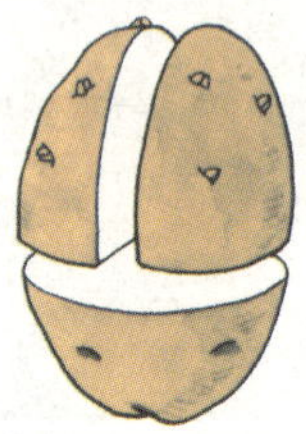
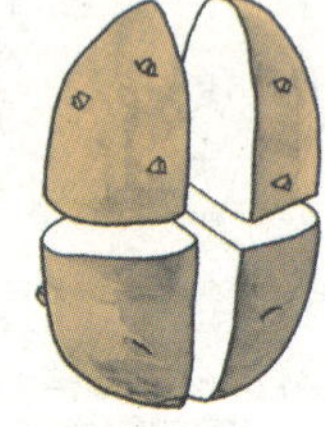

③ 큰 것은 눈을 보고
　3~4개로 가른다.

4) 심기

　이미 만들어 놓은 이랑에 3월 상순경, 20~25cm 간격으로 씨감
자를 뿌리고 흙을 덮는데, 자른 자리가 밑으로 가고 눈이 위쪽으로
오도록 심는다. 다 심으면 9cm 정도 복토한다. 심는 시기가 빠르거
나 추운 지방에서는 씨감자를 심고 나서 그 위에 비닐을 덮어 주기
도 한다.

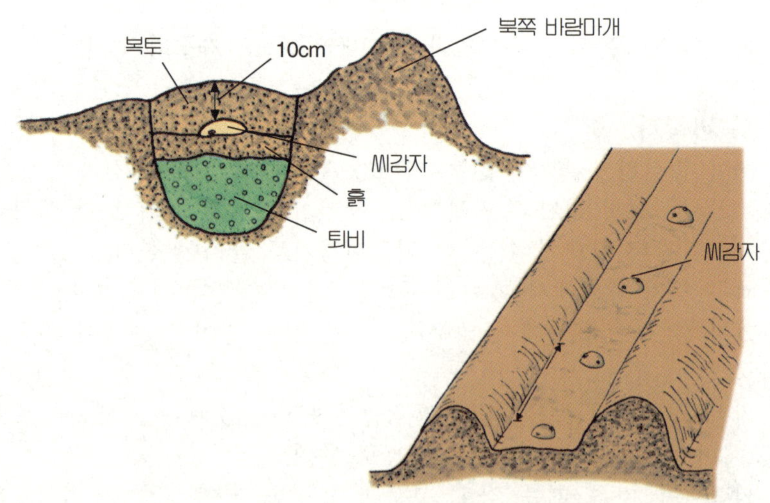

5) 발아 후의 손질

씨감자 눈의 수에 따라 여러 개의 싹이 돋아나는데, 발아 후 15일 정도가 되면 키가 10cm가량이 된다.

이때 충실한 싹 1~2장만을 남기고 나머지는 꺾어 버린다. 그냥 뽑아내면 씨감자에 손상을 입혀 생육이 나빠지므로, 땅 속의 씨감자가 상하지 않도록 주의하여 잘라낸다.

▲ 싹이 트는 씨감자

● 순치기

싹이 10cm 정도 자랐을 때 충실한 것 1~2개만 남기고 솎아 준다.

6) 흙 돋우기

15cm 정도 자랐을 때 흙 돋우기를 하고, 약 2주일 뒤에 두번째 흙 돋우기를 한다. 한꺼번에 너무 많은 흙을 돋우면 지온이 상승하

지 않아 결실이 나빠진다. 높이 약 5cm 정도로 흙 돋우기를 하는 것이 바람직하다.

이때 웃거름도 주고 잡초도 뽑고 중경(中耕)도 해서, 뿌리 부분에 통풍이 잘 되게 한다.

● 복토

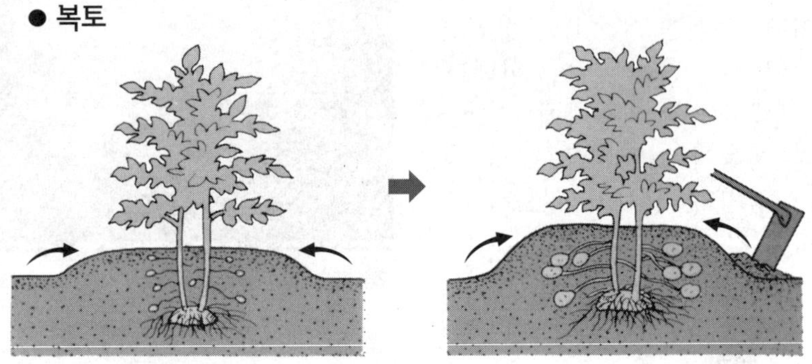

5cm 정도의 높이로 복토를 해 주고 잡초도 뽑는다.

♣ 병충해

돌림병, 풋마름병, 무름병 등 흙에 사는 병해가 많이 발생하는데, 특히 감자 재배에 가장 무서운 병인, 잎이나 줄기를 썩게 하는 돌림병은 피해가 막심하다. 그러므로 꽃봉오리가 달리는 시기부터 3회 정도 동제제(銅製劑)나 '다이센'을 살포해서 예방한다.

♣ 수확

빨리 햇감자를 맛보려면 꽃이 필 무렵부터 캘 수 있다. 그러나 일반적으로 잎과 줄기가 마른 때가 수확의 적기이다.

맑은 날을 택해서 수확하고, 겉껍질이 마를 정도로 밭에 두었다가 거둬들인다.

젖은 채로 거둬들이면 썩기 쉽고, 너무 오래 햇빛을 보이면 녹화(綠化)해서 품질이 떨어지므로 주의해야 한다.

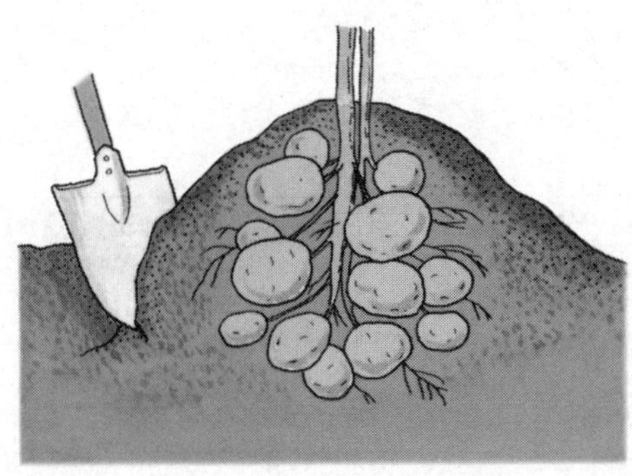

♣ 이용

감자는 독일·러시아에서와 같이 일반적인 주식으로 이용되기도 하지만 샐러드·튀김 등의 부식으로, 포테이토 칩과 같은 스낵 등의 간식으로 더 많이 이용되고 있다.

또 전분가루·알코올 등의 중요한 생산원료이며, 사료로도 이용된다.

♣ 영양

감자는 수분 70%, 전분(녹말) 13~20%, 단백질 1.5~2.6%, 환원당 0.2%, 회분 0.6~1%로 이루어졌는데, 질소 화합물의 절반을 차지하는 아미노산 중에는 밀가루보다 더 많은 필수 아미노산이 함유되어 있다.

함유되어 있는 주된 비타민은 B_1(0.1mg)·B_2(0.01~0.03mg)·C(10~30mg) 등이며, 날감자 100g의 영양가는 약 80kcal이다.

감자의 싹·잎·꽃·열매 부분이 햇빛을 받아 녹색을 띠게 된 부분 등은 특히 '솔라닌'이라는 유독성 알칼로이드 배당체가 많이 들어 있으므로, 이런 부분은 식품이나 사료로 이용하지 말아야 한다.

흰오이

- 발아적온 : 25 ~ 35℃
- 생육적온 : 25 ~ 30℃
- 연　　작 : 가능
- 용기재배 : 부적합
- 난 이 도 : 높음

월	1	2	3	4	5	6	7	8	9	10	11	12
작업내용					피종			수확				

　　원산지가 열대아시아이며, 일명 월과(越瓜)라고도 한다. 참외의 변종으로 엷은 녹색이며 보통 오이보다 크다.

　　일본의 독특한 김치 '나라쓰게'의 원료로 일본에서 많이 유행하는 품종이다. 박과 식물 중에서도 덩굴의 뻗음이 짧아서 미니 정원에서도 재배가 가능하다. 고온을 좋아하고 25～30℃에서 잘 자란다.

　　일조량이 많은 것을 좋아하므로 여름에 재배하면 좋고, 토질은 별로 가리지 않는다.

♣ 재배

1) 묘상 만들기

가급적 보수력이 있으면서도 배수가 잘 되는 사질양토를 고른다.

사질이 지나치게 많은 땅에는 부엽토를 넣어 토질을 개선한다.
　밑거름으로는 1㎡당 피토모스 10ℓ, 복합비료 200g, 고토석회 150g을 넣고 30cm 이상 깊게 갈아둔다.
　파종 전에 턱 넓이 1m, 높이 10cm 정도의 묘상을 만든다.

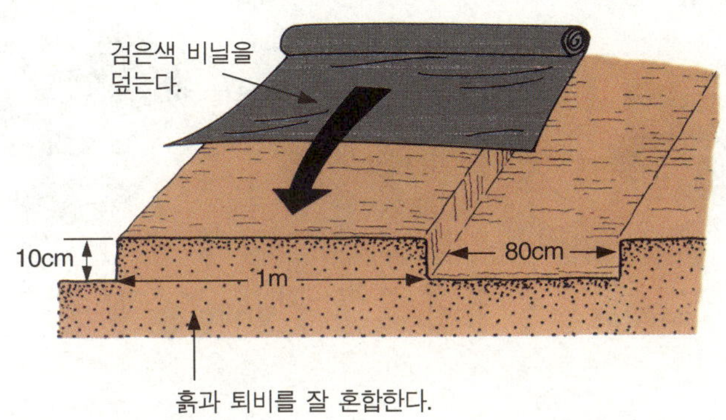

2) 파종

　4월 하순에서 5월초에 비닐 캡에 파종해서 육묘하고 8월에 수확하는 방법과 6월에 직파해서 9월에 수확하는 방법이 있다.
　씨앗은 80cm 간격으로 한 군데에 3~4알씩 뿌리고, 흙 덮기는 1cm가량으로 한다.
　직파할 때는 묘상에 비닐을 덮고, 씨 뿌릴 곳에 10cm 정도를 원형으로 오려내고 거기에 깊이 1cm 정도로 심는다.

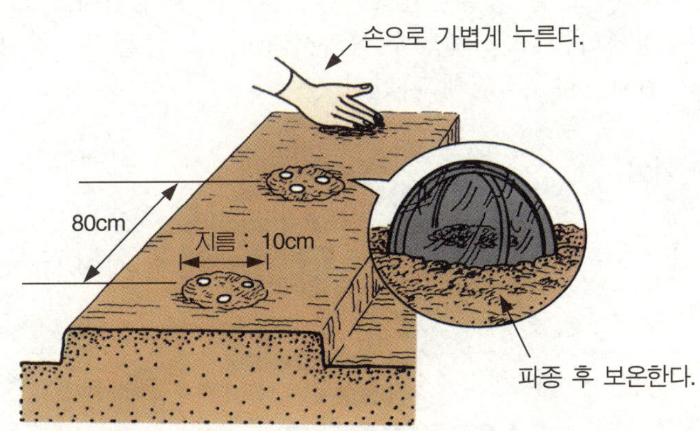

3) 발아 후의 손질

싹이 돋아나면 본 잎이 2~3장일 때 한 곳에 2포기를 두고 솎아낸다. 그리고 본 잎이 4장이 되었을 때 충실한 것 1장만 남기고 나머지는 솎아 버린다.

● 솎아내는 방법

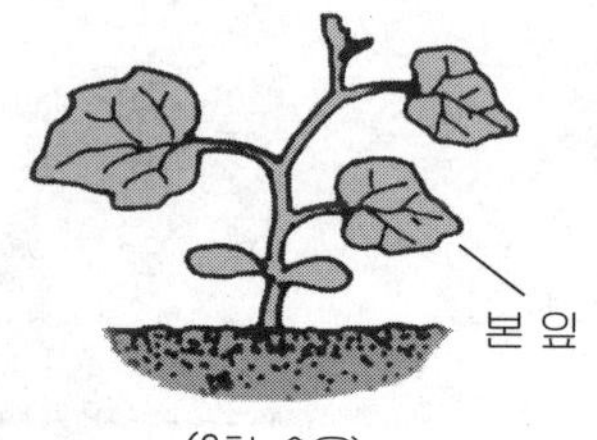

발아하면 2대로 솎아낸다. 본 잎이 3장일 때 1대로 한다.

4) 적심과 가지치기

본 잎이 5~6장이 되었을 때, 본 잎을 4장 남기고 생장점을 적심한다.

적심하면 각 마디에서 '아들순'이 나오는데, 그 '아들순'을 서로 겹치지 않게 잘 배치해서 길이 30cm 정도 되었을 때 세력이 좋은 것 3~4개 남기고 나머지는 솎아 버린다.

그리하여 '아들순'이 자라 잎이 20장 정도 되었을 때, '아들순'의 생장점을 적심한다.

'아들순'에서 '손자순'이 발생하고, '손자순'에 착과하는데, 과실이 착과하면 그 끝에 줄기를 1~2장 남기고 적심한다.

계속 발생하는 '손자순'에 착과시키고, 그 끝을 본 잎 1~2장만 남기고 위와 같이 적심해 나간다.

● 적심

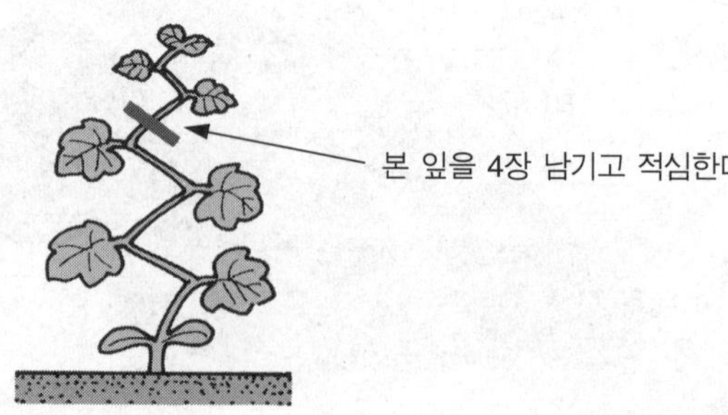

● 가기치기

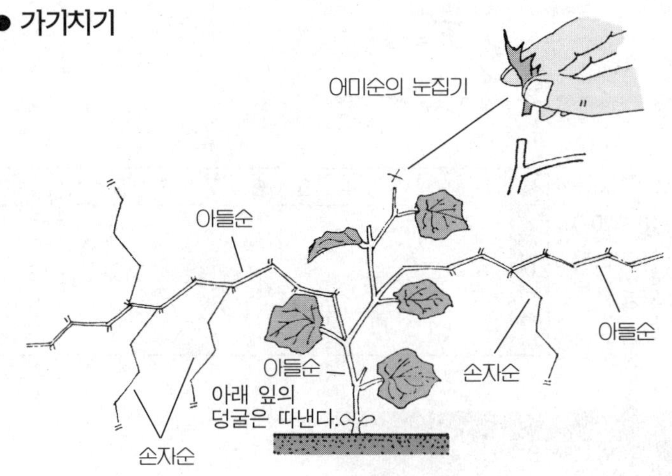

5) 추비와 관수

마르지 않도록 물을 충분히 주고, 처음 착과가 시작되면 복합비료 약 5g을 뿌리 부근에 준다.

♣ 수확

개화 후 20일 전후에서 수확하는 것이 적당한데, 색깔이 엷어져 표면에 광택이 나기 시작하면 앞당겨 따도록 한다. 과실 표면을 손톱으로 가볍게 눌러 살짝 들어갈 정도가 되면 따는 것이 좋다.

♣ 이용 방법

된장, 고추장, 쌀겨에 담가 장아찌를 만드는 법과 볶아 먹는 방법도 좋다.

잠두 

- 발아적온 : 20℃
- 생육적온 : 16 ~ 20℃
- 연　작 : 불가(3년)
- 용기재배 : 가능
- 난 이 도 : 낮음

월	1	2	3	4	5	6	7	8	9	10	11	12
작업내용										파종 ●		
					수확							

　콩과에 속하는 여러해살이 식물로, 마마콩·누에콩이라고도 한다. 한랭한 기후를 좋아하며 추위에 강하지만 너무 일찍 심으면 동해를 입기 쉬우므로 서리를 맞지 않도록 재배 시기를 조절해야 한다. 꽃도 아름답기 때문에 화분에 심어 관상용으로 재배해도 좋다.

♣ 재배

1) 심을 밭 준비
건조에 약하고 산성 토양을 아주 싫어한다. 그래서 심기 전에 고토석회를 뿌려 토양을 교정해 두는 것이 좋다.

겨울에 너무 매서운 북풍이 불지 않는 양지바른 곳을 골라서 심도록 한다.

2) 파종
보통 10월 무렵에 파종해서 이듬해 4월부터 수확하지만 따뜻한 지방에서는 9월에 파종하여 12월부터 수확하는 조숙 재배를 한다.

파종은 10월 초순에서 중순이 적기이다. 너무 일찍 파종하면 겨울까지 웃자라서 월동하는 힘이 저하되어 동해를 입기 쉽다.

조생종은 이랑 사이 70cm, 포기 사이 30cm 정도로 심고, 대형종은 이보다 약간 더 넓게 심도록 한다.

종자가 크므로 방향을 바로 맞추어, 싹이 나는 쪽이 위를 향하게 한다. 깊이 4cm 정도로 깊게 심는다.

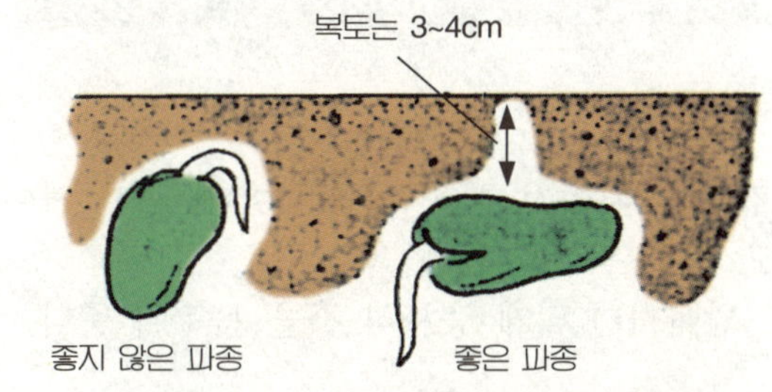

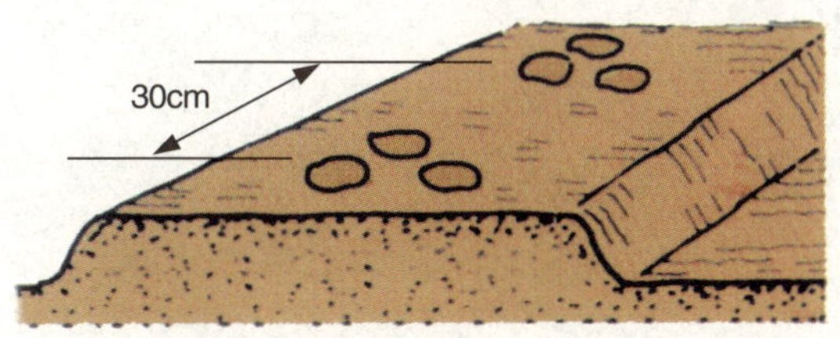

한 군데에 3~4알씩 점뿌리기로 파종한다.

3) 발아 후의 손질

싹이 돋아나면 2개를 남기고 솎아낸다. 2월 하순에 7~8cm가량 자랐을 때 곁눈이 돋아나기 시작한다. 두 대 세우기의 경우 한 포기에 5~6개의 싹이 뻗어나도록 한다.

● 추비와 흙 돋우기

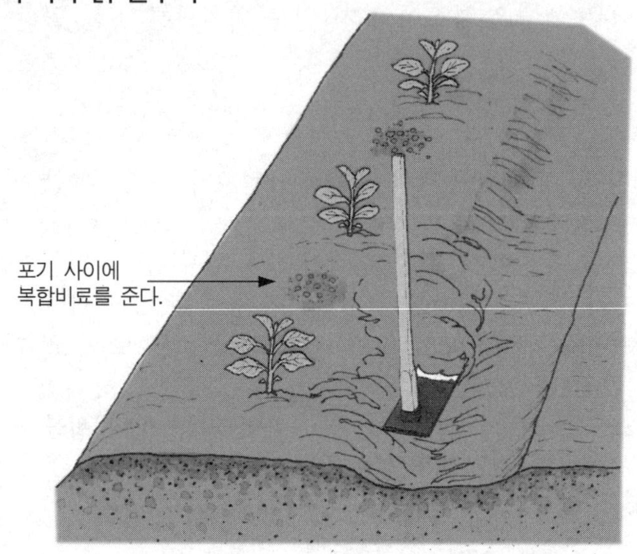

4) 추비

봄이 되면 갑자기 자라기 시작하는데, 이때 포기 사이에 복합비료를 조금 주고 흙 돋우기를 한다.

결실을 해도 넘어지지 않게 충분히 흙을 돋우어 준다.

♣ 병충해

진딧물이 생기기 쉬우므로 살충제로 방제한다.

♣ 수확

꼬투리가 아래로 처지고, 등줄기가 흑갈색이 되고 광택이 나기 시작할 때가 수확의 적기이다. 수확하면 바로 조리하는 것이 가장 맛이 있다.

● **수확**

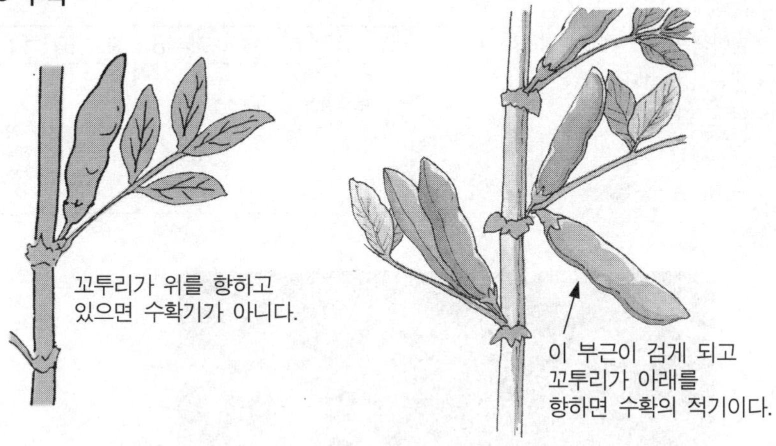

♣ 이용

　종자는 식용으로 쓰고, 줄기·잎은 사료로 사용하기 위해 재배한다. 익은 종자는 마른 콩으로, 덜 익은 종자는 야채로 이용된다.
　중국이 세계 전체 생산의 70%를 생산하고 있으며, 고대 이집트·그리스에서도 재배하였다고 한다. 유럽에서는 다 익은 종자를 가공하여 수프 등에 이용하는 경우도 있고, 그 줄기·잎을 옥수수·해바라기 등과 함께 엔실리지(소금으로 절인 겨울 사료, 담근 먹이를 말함)로 사용하기도 한다.

무 

- 발아적온 : 15 ~ 20℃
- 생육적온 : 17 ~ 20℃
- 연 작 : 가능
- 용기재배 : 가능
- 난 이 도 : 낮음

월	1	2	3	4	5	6	7	8	9	10	11	12
작업내용				파종 ●			수확				수확	

    재배 역사가 오래된 야채로 그 발상지에 대해서는 여러 가지 설이 있으나, 일반적으로는 카프카스에서 팔레스타인 지대가 원산지로 추정된다. 세계 각지에서 재배되어 형태적으로 다른 많은 품종이 있지만, 식물 분류학상으로는 모두 단일종으로 되어 있다.
    한랭한 기후를 좋아하며, 기온에 대한 적응도는 크기에 따라 다르며, 생육 초기에는 영하 2, 3℃에도 견디어 내고, 35℃가량의 고온에도 잘 견디지만, 뿌리가 비대해지면 5℃ 이하의 저온과 30℃ 이상의 고온에서도 피해가 생긴다.

♣ 재배

1) 재배지 선택

배수가 잘 되면서도 보수력이 있고, 토심이 깊은 곳에 심도록 한다. 비료는 1㎡당 피토모스 10ℓ, 복합비료 20g, 인산가리 100g, 고토석회 100g을 밭 전체에 고루 뿌리고, 깊이 30cm 이상 갈아엎는다.

깊이 갈지 않으면 뿌리 끝이 갈라지는 '가랑이 뿌리'가 되기 쉬우며, 또한 수확할 때 부러지기 쉽다.

2) 품종

무의 품종은 크게 '가을 무형', '봄 무형', '여름 무형', '20일 무형' 등으로 나눈다.

가을 무형에는 여러 가지 품종명이 붙은 '조선무' 품종들과 '중국청무', '청수궁중무' 등이 있고, 봄 무형에는 '서울봄무', '대형봄무' 등이 있으며, 여름 무형에는 '미농조생무군'이 있다. 이것들은 재배 형태나 뿌리의 크기, 녹말의 함유량, 잎의 모양, 털의 유무, 생김새 등으로 구별된다.

그러나 각 지방의 토착화된 특유의 좋은 품종이 있으므로, 자기 지방에 맞는 품종을 골라서 심는 것이 좋다.

3) 파종

줄뿌리기, 점뿌리기 어느 것이든 상관없다. 줄뿌리기는 솎아내는 양이 많아지므로 풋나물로 먹을 수 있는 이점이 있으나 품이 많이 들고, 점뿌리기는 비싼 종자를 절약할 수 있는 이점은 있으나, 풋나물을 많이 얻을 수 없는 것이 결점이다.

파종의 적기는 봄 뿌리기의 경우 4월 하순에서 5월 상순이며, 가을 뿌리기의 경우는 8월 중순경이다.

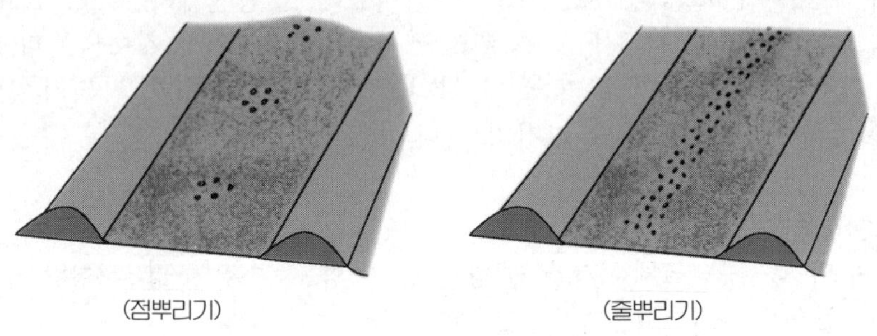

4) 이랑

폭 45cm, 높이 10cm, 통로 50cm 정도로 만들고, 조기 재배를 할 때는 비닐로 두 골씩 덮어 준다.

5) 솎음

발아하면 솎아내는데, 모양이 좋은 떡잎은 되도록 남겨두는 것이 좋다.

본 잎 2장일 때와 4장 정도 되었을 때 두 번 솎아 주고, 7~8장으로 자라면 한 포기만 세우는데, 이때는 이미 뿌리가 상당히 컸으므로 뿌리를 다치지 않도록 주의하며 솎는다.

포기 사이는 품종의 특성에 따라 다르지만 보통 크기의 무인 경우 약 30cm로 하는 것이 좋다.

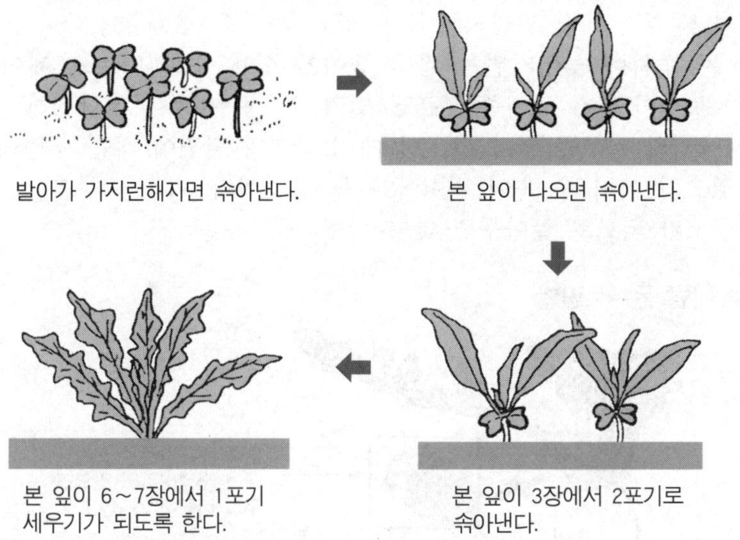

6) 비료

밑거름으로는 잘 썩은 두엄을 주어야 한다. 덜 썩은 두엄은 사이
에다 준다. 덧거름은 싹이 튼 뒤 보름 간격으로 3차례 정도 나누어
준다. 3요소의 양은 1㎡당 질소 15～30g, 인산 15～20g, 가리 20～
30g이 기준인데, 지력에 따라 늘리거나 줄인다.

추비는 생육 상태를 봐 가면서 실시하는데, 2회째 솎음을 마친
다음 포기 사이에 속효성 비료(요소)를 1㎡당 20g 정도씩 준다.

♣ 병충해

병해로는 바이러스병이 무에 가장 큰 피해를 준다. 이 바이러스
병의 방제를 위해서는 내병성 품종을 고르고 씨 뿌리는 시기를 다
소 늦추며, 진딧물을 공동으로 구제하는 것이 중요하다. 이밖에 흰
무늬병·검은무늬병·검은빛썩음병 등이 있고, 토양 선충의 피해도
크다. 해충에는 바이러스병을 매개하는 진딧물 외에도 밤나방과의
유충 등이 있는데, 발생 초기에 살충제를 뿌려서 구제한다.

♣ 수확

무는 수확이 늦어지면 바람이 들어가 쉽게 속이 비는 야채이다.
특히 성장이 빠른 조생종은 조금 일찍 수확하는 것이 바람직하다.
  잎줄기의 기부를 잘라 그 부분에 삼각형의 단면에 작은 구멍이라
도 있으면 이미 무 속이 비어 있다는 증거이다. 이것은 무를 살 때
도 참고가 되므로 알아두면 좋다.

● 바람 든 무 판별

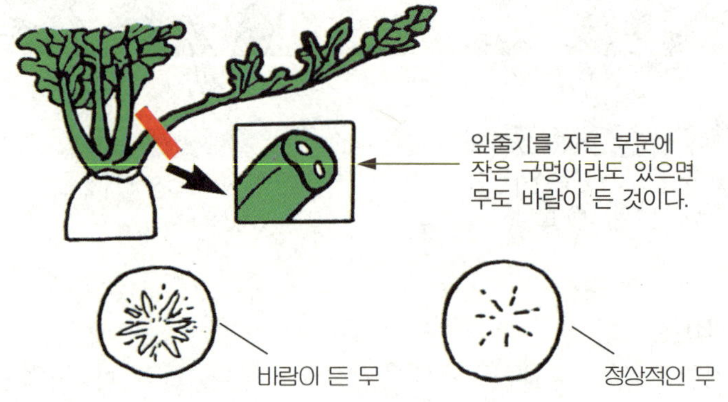

♣ 이용

무는 날것으로 먹거나 익혀서
먹는 등 그 이용 범위가 매우
넓다. 또 썰어서 말리거나 잎을
말려서 이용하는 등 우리 나라
사람들의 식생활에 매우 밀접하
게 관련되어 있다.
  성분상의 특징을 보면 뿌리
부분에 소화효소인 아밀라아제
와 비타민 C가 다량 함유되어
있다. 이 아밀라아제와 비타민 C
는 열에 약하여 파괴되기 쉬우
므로 날것으로 먹는 것이 좋다.

또한 식초는 아밀라아제의 활성을 저해하므로 함께 요리하지 않는 것이 이롭다.

작은 무와 열무는 샐러드에 이용하고 남지무는 단무지나 무말랭이로 이용하며, 김치의 재료로 많이 쓰이는 것은 저장성이 좋은 북지무이다.

특히 무의 잎에는 먹을 수 있는 부분 100g 중에 칼슘 210mg, 카로틴 2.6mg, 비타민 B_2 0.13mg 등이 함유되어 있어 영양상으로도 우수한 녹황색 채소이다.

재래종 중에는 잎만 이용하는 품종도 있다. 요즘은 생야채로 샐러드에 넣기도 하고 날것으로 먹기도 하며, 하우스 내에서 대량 생산하여 1년 내내 판매하고 있다. 무의 씨앗에서는 식용 기름을 얻는다.

● 무의 상자 재배

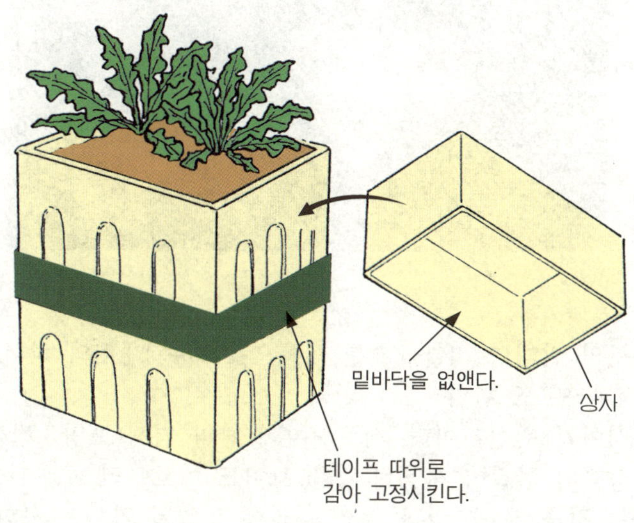

양파 

- 발아적온 : 15 ~ 20℃
- 생육적온 : 10 ~ 15℃
- 연　　작 : 가능
- 용기재배 : 적합
- 난 이 도 : 보통

월	1	2	3	4	5	6	7	8	9	10	11	12
작업내용									파종	정식		

　　지하부의 비대한 비늘줄기를 식용으로 하는 채소의 하나이며, 옥파, 주먹파라고도 한다.

　　페르시아가 원산지이며, 페르시아 융단의 염색(노랑·갈색·흑갈색)에 양파의 껍질이 사용된 것을 보아도 예로부터 재배된 것이 사실이라는 것을 알 수 있다. 우리 나라에 도입된 역사는 그다지 오래되지 않았다.

　　생육적온은 10~15℃이며, 벼를 심을 밭에 전작(前作)용으로 중·남부지방에서 많이 재배하고 있다.

♣ 재배

1) 재배 적지

건조에 약하므로 유기질이 많은, 약간 습기 찬 곳이 좋다. 뜰에서 재배할 때는 부엽토를 좀 넉넉히 깔아 주면 좋다. 무거운 흙으로 더욱이 햇볕이 잘 드는 장소라면 두말할 나위 없이 좋다.

대량 재배는 이른봄 벼를 심기 전에, 논에 심어서 양파를 수확하고 벼를 심는다.

우리 나라에서는 8~9월에 모판에 파종하여 10월에 어린 모종을 밭에 정식하고, 다음해 6월 무렵에 수확하는 가을 뿌리기 재배가 대부분을 차지하고 있다. 봄에 파종하여 가을에 수확하는 봄 뿌리기 재배를 하면 다음해 1월 상순까지는 싹이 나지 않고, 그 뒤에 냉장하면 4월까지 저장할 수 있다.

봄 뿌리기 재배는 대관령·인제 등지에서 하고 있다. 이밖에 3~4월에 파종하여 5월 중순경에 작은 알[球]을 수확하고, 건조시켰다가 8월 무렵 밭에 심어 겨울부터 이른봄까지 수확하는 세트 재배 방식도 있다.

2) 품종 고르는 법

양파는 크게 매운 맛이 약한 감미종과 매운 맛이 강한 신미종으로 나누어지고, 다시 비늘줄기의 색깔에 따라 황색·적색·백색계로 나누어진다. 감미종은 생식하는 데 많이 이용되고, 신미종은 주로 조리에 이용된다. 우리 나라에서 재배되는 대부분의 품종은 신미종의 황색계이며, 대표적인 종이 천주황(泉州黃)이다.

또 생육 기간의 장단에 따라 조생종·중생종·만생종으로 나누는데, 조생종은 온도만 적당하면 12시간 정도의 일조량으로도 알이 제대로 커지지만 만생종은 일조량이 그보다 길어야 제대로 커진다.

3) 파종 방법

씨앗은 되도록 빨리 뿌릴 수 있는 것을 구입한다. 파종의 적기는 9월 상순에서 중순이다.

이랑 전체에 흩어 뿌려도 되고, 5~6cm 간격으로 골을 타서 뿌려도 좋다. 흙은 아주 엷게 덮도록 한다. 물을 흠뻑 준 후 짚을 깔아 건조를 방지한다. 짚이 없는 경우는 건조 방지 덮개 따위로 대용한다.

4) 발아 후의 손질

발아까지는 절대로 건조시키지 않는 것이 포인트이다. 발아는 1주일 정도면 다 되는데, 발아하면 위에 덮었던 짚은 즉시 제거한다.

본 잎이 2장 정도일 때 아주 단 것을 솎아 주고 소량의 화학비료를 준다.

5) 정식(定植) 묘상 만들기

밭을 갈 때, 양파는 산성(酸性)에 약하므로 좀 일찌감치 석회를 뿌리고 잘 일구어 놓도록 한다. 깊이는 20cm 정도가 좋다. 이때 1㎡당 퇴비 2kg, 복합비료 100g을 주고, 폭 90~120cm의 묘상을 만든다.

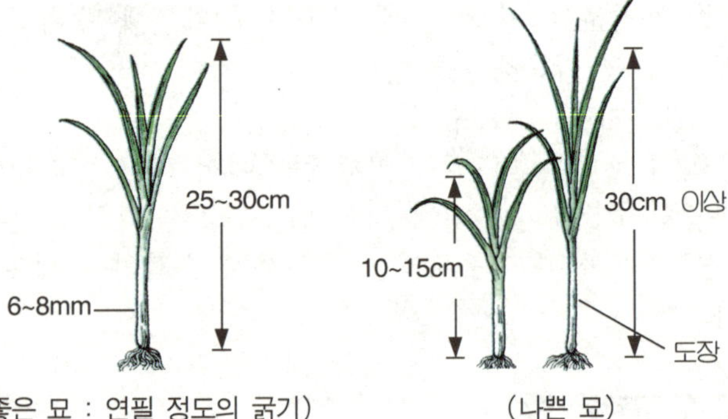

(좋은 묘 : 연필 정도의 굵기)　　　　(나쁜 묘)

6) 묘 심기

파종 후 50~60일 후가 정식의 적기이다. 조생종은 10월 하순경이며, 만생종은 11월 중·하순경이다.

묘를 뽑을 때는 미리 물을 충분히 주어, 흙을 부드럽게 해서 묘가 뜯기지 않게 한다. 뽑은 묘는 뿌리가 마르기 전에 속히 심는다.

포기 사이를 10cm 정도로 심는데, 너무 깊게 심지 말고 2cm 정도 흙에 묻히도록 한다. 심은 뒤에는 물을 주어 흙과 밀착시킨다.

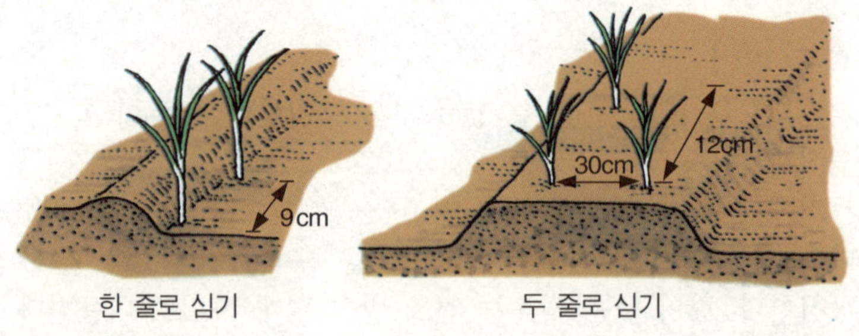

한 줄로 심기　　　　　　　　두 줄로 심기

7) 심은 후의 손질

뿌리가 건조하지 않도록 2~3회 흙 돋우기를 한다. 너무 두껍게 덮을 필요는 없다.

8) 웃거름 주는 법

웃거름으로는 심은지 1개월 후와 월동 후, 그리고 왕성하게 순이 뻗어 나오는 3월 상순에 2회에 걸쳐 화학비료를 준다. 포기 한쪽편에 얕은 홈을 파고 시비하도록 한다.

그리고 가볍게 흙 돋우기를 한다.

● 추비

9) 물 주기

늘 마르지 않도록 주의하며, 겨울에도 마르면 물을 대준다.

♣ 수확

양파의 알통이 비대해져 6월 초순이 되면 잎줄기가 쓰러지게 된다. 7~8할이 쓰러질 때쯤이 수확의 적기이다. 수확은 반드시 맑게 갠 날에 한다.

수확한 양파는 충분히 건조시키는 것이 중요하며, 습도가 높은 날에 수확하면 썩기 쉬우므로 저장을 못 하게 된다.

수확한 양파는 2~3일간 그늘에 말린 후 통풍이 잘 되고 습도 변화가 적은 처마 밑 등 비를 맞지 않는 곳에 매달아 두면 좋다.

♣ 이용

모든 음식에 이용되며 조리법도 실로 많다. 양파를 생식하면 간장질환이나 감기·소화·살균에 특효가 있다는 것은 잘 알려진 사실이다.

그러므로 샐러드 등에 많이 이용하는 것이 바람직하다. 특히 적색계는 보기에도 아름답고 식욕을 돋우기도 한다.

♣ 영양가

양파는 자극적인 냄새와 매운 맛이 강한데, 이것이 육류나 생선의 냄새를 없앤다. 이 자극적인 냄새는 이황화프로필알릴과 황화알릴 때문이며, 이것이 눈의 점막을 자극하면 눈물이 난다. 삶으면 매운 맛이 없어지고 단맛과 향기가 난다. 수프를 비롯하여 육류나 채소에 섞어 끓이는 요리에 사용되고, 카레 라이스의 재료로써도 요긴하게 사용된다. 샐러드나 요리에 곁들이는 방법 외에 피클의 재료로도 사용된다. 샐러드로서 생식할 때는 매운맛이 적고 색깔이 아름다운 적색 계통의 양파를 쓴다.

양파의 영양 성분은 물 90.4%, 단백질 1%, 지방 0.1%, 탄수화물 7.6%이고, 양파 100g 속에는 비타민 C 7mg, 칼슘 15mg, 인 30mg이 들어 있다.

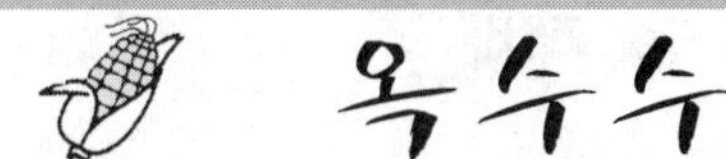

- 발아적온 : 25 ~ 30℃
- 생육적온 : 25 ~ 30℃
- 연　　작 : 가능
- 용기재배 : 부적합
- 난 이 도 : 보통

월	1	2	3	4	5	6	7	8	9	10	11	12
작업내용		파종 ●			정식 X	수확 ▬		(육묘 재배)				
				파종 ●			수확 ▬	(직파)				

　옥수수는 온도가 높고 일조량이 많은 기후에 알맞고, 생육 최대 성장 시기와 싹이 나오는 시기에는 적당한 강우를 필요로 하며, 성숙기에는 건조 기후가 바람직하다. 토질은 부식질(腐植質)이 많고 배수가 잘 되는 토양이 가장 알맞지만 어느 정도의 불량지에서도 자라고 산성 토양에 대해서도 비교적 강하다. 키가 큰 작물이기 때문에 바람에 쓰러지기 쉬우므로, 뿌리를 깊이 뻗을 수 있도록 땅을 깊이 간다. 평균 기온이 15℃ 정도인 5월 중순에 파종하는 것이 표준이지만, 파종 적기의 폭이 넓어 남서쪽의 따뜻한 곳에서는 4~6월에 시작한다.

♣ 재배

1) 재배 장소

성질이 매우 강건하여 웬만한 땅에서도 만족스럽게 잘 자란다. 다른 야채가 잘 자라지 않는 장소에서도 잘 자라므로 공한지를 이용해도 좋다.

2) 품종

스위트콘이나 찰옥수수가 가정용으로 적합하다. 특히 스위트콘에는 '골덴크로스밴덤', '허니잰덤'이 질이 좋다.

3) 파종 준비

파종 전 약 2주일 전에 퇴비, 고토석회, 복합비료를 1㎡당 200g 정도를 밭 전체에 골고루 뿌려서 잘 갈아엎어 둔다.

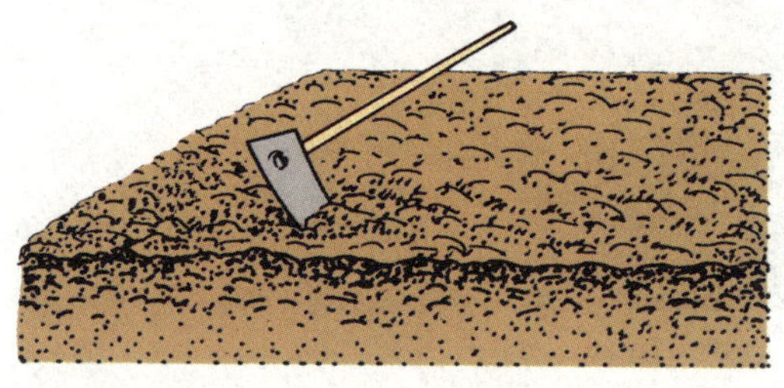

2주일 전에 밑거름을 주고 밭을 갈아둔다.

4) 파종

4월 하순에서 5월 중순경 이랑 사이가 75~80cm 정도 되게 묘상을 만들고, 포기 사이는 약 30cm 되게 씨를 뿌리는데, 한 곳에 3~4알씩 점뿌리기를 한다. 뿌린 다음 약 4cm 정도 복토를 한다.

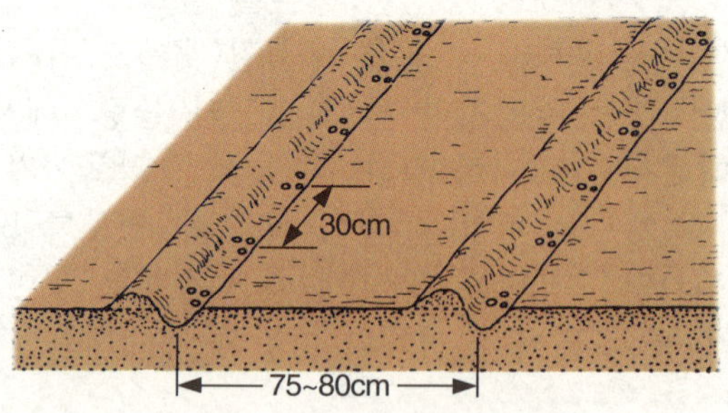

점뿌리기를 한다.

5) 발아 후의 관리

키가 15cm 정도 자랐을 때 솎아내어 한 곳에 한 그루만 남기는데, 가정에서는 두 그루로 해도 좋다.

키가 80cm 정도 자랐을 때 밭을 매주고, 넘어지지 않게 흙을 돋아 준다. 이때 뿌리가 잘라지지 않게 주의해야 한다.

키가 50cm 정도 되면 곁눈이 발생하기 시작하는데, 곁눈은 모두 따내는 것이 좋다. 그렇게 한 포기를 한 줄기로 키우는 것이 좋다.

6) 수분(受粉)

옥수수는 자가수분이 되어 결실하게 되는데, 스위트콘 계통의 품종은 다른 포기의 꽃가루를 받는 것이 결실이 잘 된다. 두 줄 정도 심은 것은 꽃가루가 바람에 날려 결실이 충분히 잘 되지만 외줄로 심은 경우나 포기 수가 적은 경우는 꽃가루를 인공적으로 흩뜨려 뿌리거나 또는 수꽃을 잘라 암꽃의 털 모양의 암술머리에 발라 준다.

7) 병충해

주된 병해는 옥수수 깜부기병, 옥수수 깻잎마름병 등이 있다. 옥수수 들병나방은 줄기나 열매를 파먹고 들어가 분을 배출하므로 잘 알 수 있다. 수꽃의 이상이 나타나기 시작할 무렵부터 10일마다 2~3회 DDVP, 칼로스 등을 줄기에 충분히 살포한다.

♣ 수확

암수의 털이 나온 지 20일 전후가 수확의 적기이다. 옥수수는 수확 후 5시간 정도 지나면 당분이 감소하기 시작해서 24시간 뒤에는 반이나 감소되므로, 수확 즉시 쪄서 먹는 것이 가장 맛이 좋다.

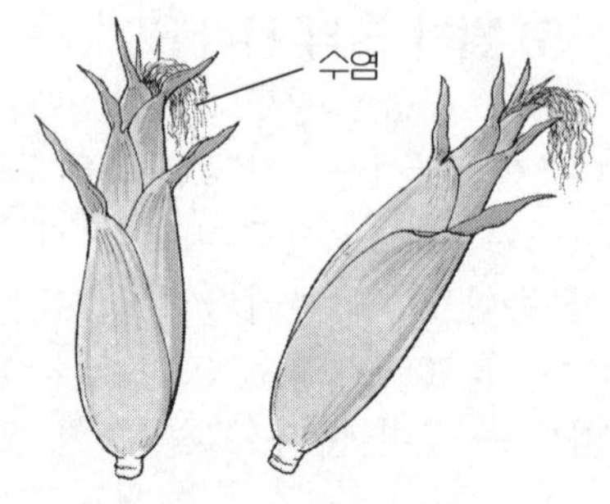

수염이 나온 지 약 3주 정도 되었을 때, 수염이 마르면 오전에 수확한다.

♣ 이용

옥수수의 성숙한 알갱이 100g 속의 성분은 수분 14.5g, 단백질 8.6g, 지방질 5.0g, 탄수화물은 당질 68.6g과 섬유 2.0g, 무기염류 1.3g이다. 알갱이를 맷돌에 갈거나 콘플레이크를 만들어 식용으로 이용한다. 또 가루를 만들어 빵을 굽는 데 사용한다. 근래에는 주로 옥수수 녹말(콘스타치)을 만들어 과자나 반죽제품 등의 가공식품에 이용하고 있다.

씨눈에서 짜낸 옥수수 기름(콘 오일)은 샐러드 기름 등의 식용유로서 양질이며, 이밖에 마가린 · 비누 등의 원료로도 사용된다.

♣ 요리

옥수수의 미숙과는 그대로 찌거나 구워서 식용으로 사용한다. 구운 것은 간장이나 버터를 바르면 향기롭다. 쪄서 알갱이를 떼내어 기름에 튀기거나 버터에 볶아 고기요리에 곁들이고, 또 끓이는 음식에 넣기도 한다. 이러한 요리에는 냉동품도 편리하다. 통조림은 우유를 곁들여 콘수프로 활용하거나, 베이컨 · 양파 등과 볶아서 우유나 수프로 끓여 콘플레이크에 이용한다. 우리 나라에서는 일찍부터 옥수수 가루로 만두 · 수제비 · 범벅 · 풀빵 등을 만들어 먹었으며, 옥수수 가루로 만드는 올챙이 묵은 강원도의 토속음식으로 유명하다.

토마토

- 발아적온 : 28 ~ 30℃
- 생육적온 : 25 ~ 30℃
- 연　　작 : 불가(2~3년)
- 용기재배 : 적합
- 난 이 도 : 보통

월	1	2	3	4	5	6	7	8	9	10	11	12
작업내용			파종 ●—X——— 수확									

　　남미 페루가 원산인 토마토는 원산지인 열대지방에서는 다년생 작물이지만 우리 나라 등 온대지방에서는 일년생 식물이다. 유럽으로 건너가 처음에는 오직 붉은 열매를 관상하기 위해서만 재배되었다.

　　우리 나라에 들어온 것은 약 80년 전이며, 급속히 보급된 것은 불과 40여 년 전이다.

　　밭에서 갓 따내어 덥석 씹어먹는 맛, 토마토의 진정한 맛은 가정 채원에서만 맛볼 수 있을 것이다.

♣ 재배

1) 재배 장소
가정채원의 야채라 하면 우선 가지·토마토를 들 수 있을 정도로 재배가 쉽고, 그만큼 많이 하고 있다. 그러나 광선 부족에 민감하므로 되도록 햇볕이 잘 드는 장소를 선택해서 재배해야 한다. 뿌리가 깊게 퍼지므로 깊이 갈아 유기질 비료를 많이 넣고, 배수가 잘 되게 하면 토질은 그다지 문제가 되지 않는다.

2) 모종
일반적으로 시중에서 구입하여 심는 것이 보통이지만, 부지런하면 집에서도 묘를 기를 수 있다.
이식에 적합한 것은 본 잎이 7~8장 정도일 때인데, 온실이나 비닐 하우스 안에서 기를 수 있다.

▲ 포트에 기른 토마토 모종

3) 품종
품종에는 대체로 보통 토마토인 '대과종'과 작은 토마토인 '미니종'이 있다.
현재 재배되고 있는 품종은 거의 전부가 1대 잡종이고, 계속 신품종이 나오고 있다. 가공용 품종은 받침대를 세우는 것으로 '마스타 2호 및 3호'가 있고, 세우지 않는 것으로는 '하인츠 1370', '치코', '와세다루마' 등이 있다.

4) 묘 심는 법

서리가 내릴 염려가 없는 5월 상순경, 퇴비와 고토석회를 미리 뿌려둔 밭에 심는다. 넓이 100cm, 통로 60cm 정도의 묘상을 만들어서 포기 사이를 50cm 정도로 하여 두 줄로 심는다.

토마토의 꽃눈은 모두 같은 방향에 생겨나므로, 심을 때 제1단의 꽃눈을 밖으로 향하게 심는다.

5) 심은 후의 관리

제1화방에 꽃망울이 달리기 시작하면 지주를 심는데, 대각선으로 마주 합쳐 세우면 든든하다. 줄기의 고정은 비닐 끈 등으로 세 마디 간격으로 느슨히 묶어두는 것이 요점이다.

● 심기와 지주

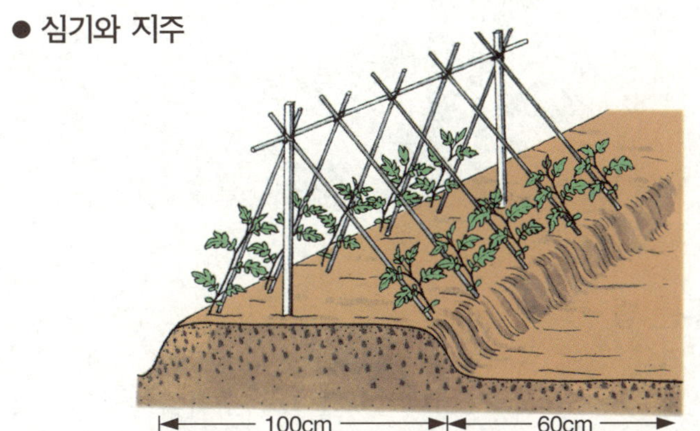

6) 곁눈 따기

가장 중요한 손질이다. 잎의 생장과 더불어 잎 곁에 작은 순이 돋아난다. 이 곁눈은 발견 즉시 전부 따내도록 한다.

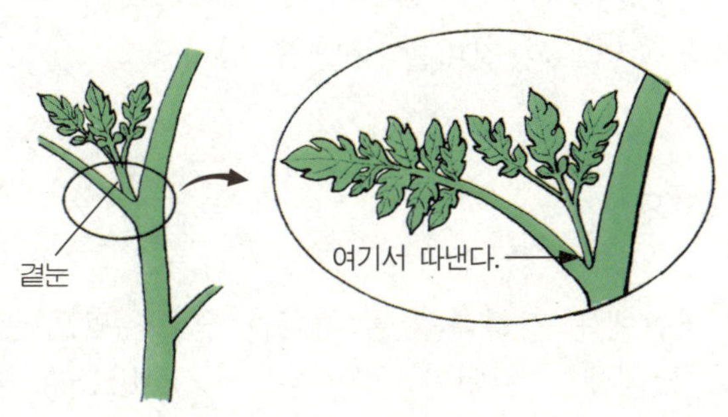

7) 좋은 열매를 맺게 하는 요령

토마토는 7~9장째의 잎 곁에 최초의 화장이 생기고, 그 후에는 3장의 잎마다 생기는 성질이 있다. 많은 것은 한 송이에 10개 가까이 달리는데, 3~4개만 남기고 열매를 솎아 주는 것이 좋다.

● 지주

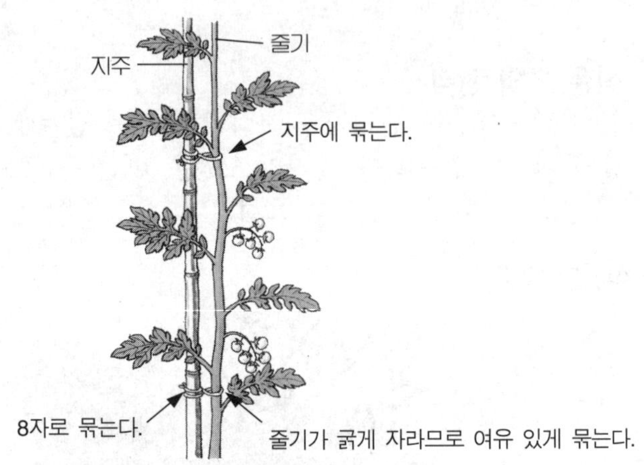

8) 비료 주는 법

심기 2주일가량 전에 석회를 뿌리고 깊게 일구어 놓는다. 밑거름에 질소분이 많으면 열매가 많이 떨어지므로 주의해야 한다. 웃거름은 열매가 지름 2~3cm 되었을 때 복합비료를 조금 준다.

♣ 수확

개화 후 약 50일경부터 착색을 하는데, 착색이 잘 된 것부터 수확하면 완숙 토마토의 진미를 맛볼 수 있다.

♣ 병충해

비교적 저온에는 강하나 한번이라도 서리를 맞으면 말라 죽는다. 피해가 큰 병해에는 바이러즈병·잘록병·풋마름병 등이 있다. 또

한 칼슘이 부족하면 꼭지가 썩는 배꼽썩음병에 걸리므로 주의해야
한다. 풋마름병은 돌려짓기를 하고 배수가 잘 되게 하여 방제한다.
바이러스병은 병든 포기를 보는 대로 뽑아 태우고, 진딧물을 철저
히 구제한다. 저온기의 재배는 착과가 잘 안 되므로 토마토톤 50~
100배 액을 꽃송이에만 뿌려 주거나 약물에 담갔다가 꺼내면 착과
가 잘 된다.

♣ 영양

토마토는 건강에 좋은 식품으로 알려져 있다. 열매의 성분은 95%
가 수분이며, 단백질 0.7%, 지방 0.1%, 탄수화물 3.3%, 셀룰로오스
0.4%, 회분 0.5%를 함유한다. 비타민류의 함량도 우수하여 100g당
카로틴 390μg · 비타민 C 20mg · 비타민 B_1 0.05mg · 비타민 B_2
0.03mg 외에, 비타민 B_6 · 칼륨 · 인 · 망간 · 루틴 · 니아신 등도 함
유하고 있다. 단맛의 성분은 과당과 포도당, 신맛의 주성분은 시트
르산과 말산이다.

가지 

- 발아적온 : 25 ~ 30℃
- 생육적온 : 25 ~ 28℃
- 연　　작 : 불가(3~4년)
- 용기재배 : 가능
- 난 이 도 : 낮음

월	1	2	3	4	5	6	7	8	9	10	11	12
작업내용					정식 X ———		수확					

　　인도 원산으로 동양에는 이미 5~6세기에 전파되어 재배되고 있는 역사가 오랜 야채로, 과채류 중에서는 가장 영양가가 낮다.

　　그러나 독특한 색깔과 풍취를 즐기는 사람이 많으며, 가정원예의 주역이라 말할 수 있을 정도로 많이 재배하고 있다. 수확기가 여름에서 가을까지 길다는 것이 특징이다.

　　생육적온은 25~28℃로 햇빛이 잘 드는 양지를 좋아하며, 토질은 가리지 않으나 유기질이 많은 사질양토를 가장 좋아한다.

♣ 재배

1) 재배 장소
햇빛이 잘 들고 배수 상태가 좋고 토질이 비옥해야 한다. 마당에 심을 때는 퇴비 등 유기질 비료를 좀 넉넉히 넣고 일구어 놓는다.

2) 품종 고르기
가지의 품종은 지방에 따라서 독특한 것이 많기 때문에 그 지방에서 재배되고 있는 품종을 고르는 것이 가장 확실하다.
대과(大果)로서 품질이 좋은 것은 서양계의 '블랙부티' 종이 있다. 그 밖에 '흑산도', '흑룡강', '극조생대장' 등이 있다.

3) 묘 고르기
가지는 파종해서 본 잎이 6~7장이 되어 정식할 때까지 2개월 이상 걸리므로, 가정에서 몇 그루를 재배할 때는 시장에서 묘를 구입하는 것이 편리하다.
묘를 고를 때는 다음에 사항에 주의하여 고른다.

① 잎의 크기가 알맞고, 두께가 두껍고 진한 것.
② 꽃망울이 굵고 충실한 것.
③ 마디 사이가 짧고 줄기가 굵은 것.
④ 뿌리가 충실하고 많이 뻗은 것.

● 좋은 모종

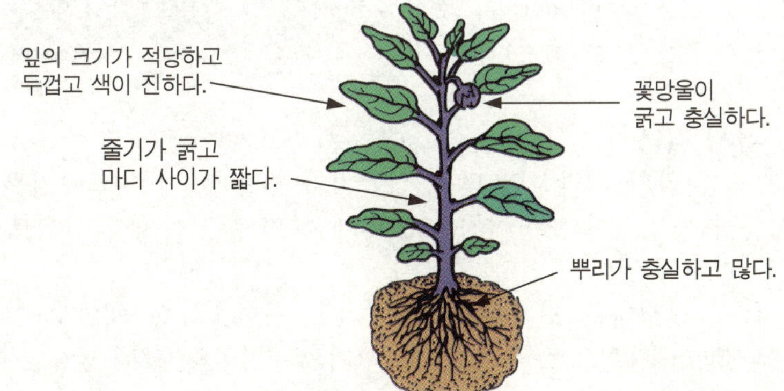

4) 묘상 준비

정식의 시기는 지방에 따라 다소 다르지만, 일반적으로 서리가 내릴 염려가 없는 5월 상순에서 중순까지이다.

정식하기 약 1주일 전에 1㎡당 피토모스 10 *l*, 깻묵 150g, 복합비료 150g, 인산가리 100g, 고토석회 150g 등을 살포하고, 흙과 잘 섞어서 밭을 일구어 놓는다.

그리하여 폭 60cm, 높이 20cm의 이랑을 만들어 둔다.

● 묘상

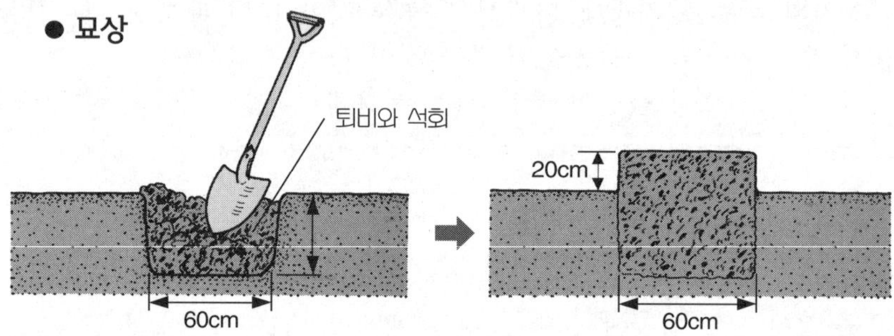

5) 정식

가급적 바람이 없는 날의 오전에 심는 것이 가장 좋다. 포트에서 흙이 떨어지지 않도록 조심스럽게 빼내어, 약 50cm 간격으로 자엽(子葉) 부분까지 묻히도록 심는다. 물을 충분히 주면서 심고, 정식(定植)이 끝나면 길이 1.5m 정도의 단단한 지주를 세우고, 끈으로 묶는다.

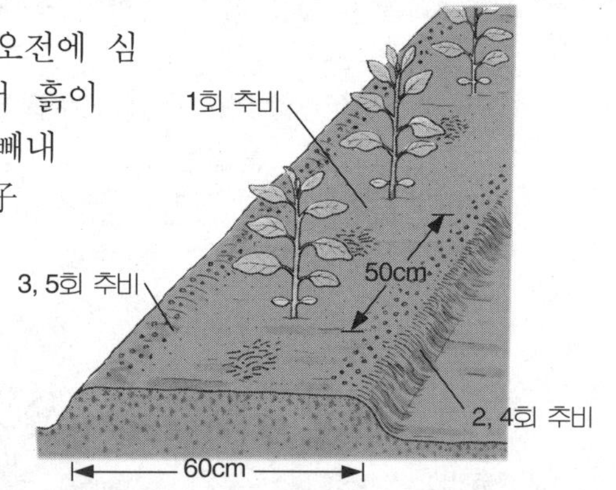

6) 가지 다듬기

가지는 자라기 시작하면 많은 곁가지가 나는데, 강한 곁가지를 3개 이용하는 방법이 보통이지만 그렇게 하면 복잡해지기 쉬우므로, 외대로 기르는 것이 편리하다.

정식 후 발생하는 곁가지 가운데 가장 강한 것 한 개만 남기고 지주에 30cm 간격으로 묶는다. 다른 가지는 5마디 정도 남기고 생장점을 적심해 버린다. 그러면 지주 정점까지 자라게 된다.

주지를 중심으로 측지를 주위에 배치해서 입체적으로 공간을 이용하는 방법은 마치 외성사과의 재배법과 비슷하다.

가지는 잎이 혼잡하면 과실의 품질과 생장에 지장을 주므로, 묵은 잎은 따서 통풍과 채광이 잘 되게 한다.

● 정지

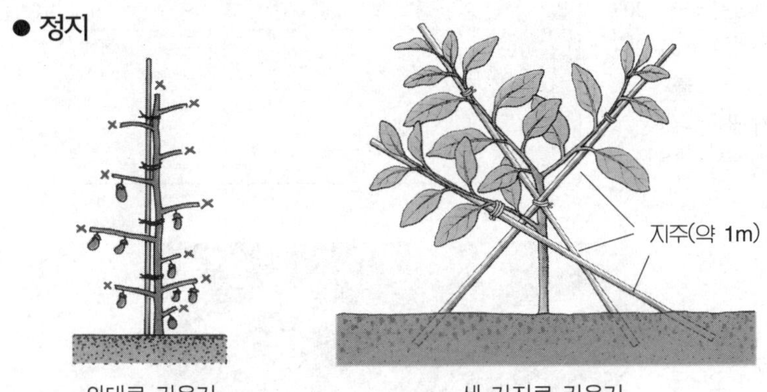

7) 추비와 관수

추비는 1번 열매를 수확할 때부터 1개월에 한 번 정도로 준다. 속효성 비료를 1㎡당 30g 정도 준다.

활착한 다음에는 가지가 시들지 않으면 물 주기는 필요 없지만 늘 시들지 않을 정도의 관수는 해야 한다.

♣ 수확

과실은 미숙과가 맛이 있고, 익으면 씨앗이 생기고 육질이 단단해져서 맛이 없다. 미숙과를 수확하면 나무에 부담도 적어서 수확량도 많아지고 초세도 왕성해서, 가을 가지도 많이 딸 수 있다.

가지의 보관은 상온에서 보관하는 것이 좋고, 냉장고에 보관하면 냉해를 입어서 광택이 없어지고 상하기 쉽다.

● 지주

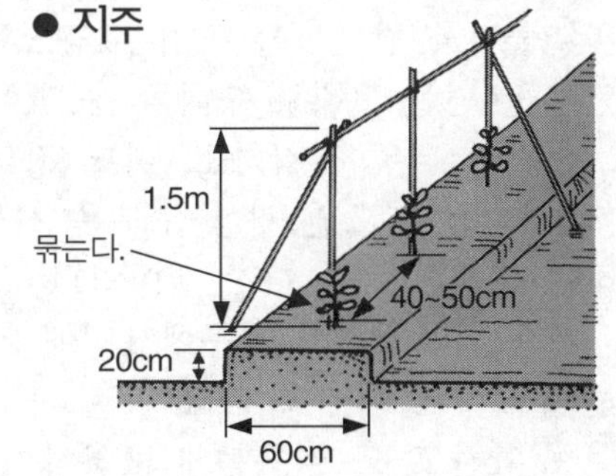

부추 

- 발아적온 : 10 ~ 20℃
- 생육적온 : 10 ~ 25℃
- 연　　작 : 불가
- 용기재배 : 가능
- 난 이 도 : 낮음

월	1	2	3	4	5	6	7	8	9	10	11	12
작업내용			포기 나누기 ●————				수확					

　잎을 식용하기 위해 재배하는 부추는 원산지가 중국 서부지방이라고 하지만 분명하지는 않다. 땅 속에 짧은 뿌리줄기가 있고 많은 비늘줄기를 만들어서 포기 모양으로 자란다. 다년생이며 한번 심으면 3~4년은 그대로 수확할 수 있어서 매우 유리하다.

　추위와 더위에 강하고, 어느 정도 자라면 포기 나누기로 증식한다. 서리를 맞으면 지상 부분은 시들어 버리지만 지하 부분은 월동하여 다음해 봄에 다시 살아난다.

　재생력이 강하기 때문에 1년에 2~3회 수확할 수 있으며, 최근에는 수요가 늘어남에 따라 비닐 하우스를 설치하여 겨울에도 재배하여 수확하고, 또 이른봄에 출하하기 위해 촉성 재배도 한다.

♣ 재배

1) 가꾸는 장소

한번 심으면 오래도록 수확할 수 있는 채소이므로, 밭은 물론 용기 재배도 가능하다.

화단이나 통로 곁에서도 재배가 가능하며, 공한지가 있으면 어디에서라도 재배할 수 있다.

그러나 산성 토양과 과습한 곳에서는 잘 자라지 않으므로, 배수가 잘 되는 곳에 심어야 한다.

2) 품종

잎이 납작한 '평엽종'과 잎이 둥근 '환엽종'이 있는데, 평엽종인 '그린벨트'가 잎의 색깔도 진하기 때문에 인기가 있다.

3) 심기

종자로 키울 수도 있으나 손이 많이 가기 때문에 3월 하순에 종묘상에서 출하되는 묘를 사서 심는 것이 편리하다.

또는 포기 나누기로 번식시키면 좋다. 포기 사이는 15~25cm가 적당하다.

파종하는 경우는 10cm 간격으로 골을 타서 줄로 씨를 뿌리고, 복토는 씨앗이 보이지 않을 정도로 덮고, 씨앗이 흩어지지 않도록 신문지에 작은 구멍을 많이 뚫어서 덮는다. 그리고 그 위에 물 주기를 한다.

● 묘 심는 법

● 포기 나누기

포기가 커지면 2~3포기씩 3포기로 나눈다.

4) 추비

500배로 희석한 액비를 물 대신에 15일에 한 번 정도로 준다. 겨울에는 줄 필요가 없다.

5) 관리

꽃눈이 생기면 품질이 저하되고 영양의 손실이 많아지므로, 빨리 꽃봉오리를 뜯어 버린다.

너무 오래된 포기는 뿌리가 노화되어 품질이 떨어지므로, 3~4년에 한 번씩 포기 나누기를 한다.

캐낸 포기를 잘 나누어, 충실한 줄기를 4~5포기 골라서 처음 심을 때처럼 심는다. 심은 뒤에 관리는 육묘하는 경우와 같이하면 된다.

● 수확

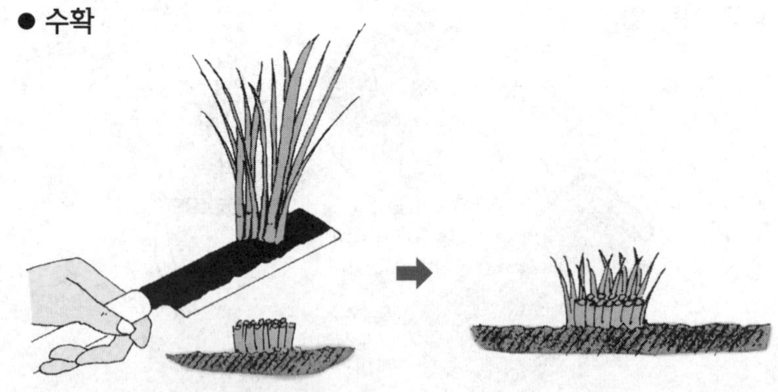

길이가 20cm쯤 자라면 베어 수확한다.　　　　포기 밑둥에서 새싹이 돋는다.

♣ 병충해

진딧물이 끼기 쉬우므로 DDVP 유제를 뿌려서 잡아둔다.

♣ 수확

키가 20cm 정도 자라면 뿌리 밑둥 쪽을 낫으로 베어낸다. 베어낸 자리에서 곧바로 새싹이 돋아나므로, 봄·여름에는 1개월에 1회 정도 수확이 가능하다.

♣ 이용과 영양가

잎을 삶아서 나물을 무치거나 국건더기로 사용하고, 부추김치·오이소박이에도 이용한다. 또 잡채나 만두 속에도 이용하는 등 용도가 다양하다.

부추의 자극적인 냄새는 주성분인 황함유 화합물에 기인하는 것으로, 육류의 냄새를 제거하는 데 알맞다.

잎 100g 속에는 단백질 2g, 당류 2.8g, 칼슘 50mg, 칼륨 450mg이 들어 있고, 비타민 A와 C가 매우 많으며, 비타민 B_1과 B_2 등도 많이 들어 있어 예로부터 강장(强壯) 효과가 있는 것으로 알려져 있다.

부추의 종자는 한방에서 구자(韭子)라 하여 비뇨기 계통의 질환에 이용한다.

당근 

- 발아적온 : 15 ~ 25℃
- 생육적온 : 18 ~ 21℃
- 연　　작 : 가능
- 용기재배 : 부적합
- 난 이 도 : 보통

월	1	2	3	4	5	6	7	8	9	10	11	12
작업내용				파종 ●					수확			
	수확					파종 ●					수확	

　흔히 홍당무라고도 부르며, 미나리과에 속하는 한해 또는 두해살이풀로 주로 뿌리를 식용하며, 세계 온대지방을 중심으로 재배된다. 뿌리는 품종에 따라서 굵기 2~5cm, 길이 10~20cm인 원뿔 모양부터 1m나 되는 것도 있다.

　색은 주황색·적색 또는 황색이 있는데, 주로 주황색이 많다.

　한랭한 기후를 좋아하나 2~3℃ 이하가 되면 뿌리의 생육이 중지되며, 밀식하면 뿌리의 비대가 잘 이루어지지 않는다.

♣ 재배

1) 가꾸는 장소

비교적 토질을 가리지 않으나, 건조에 약하므로 보수력이 좋은 사질양토가 가장 좋다. 특히 가지과 식물이나 박과 식물을 재배한 뒤에 바로 심는 것은 피하도록 한다. 네마토우다(뿌리에 기생하는 선충류)에 걸리기 쉽기 때문이다. 몸통에 혹 모양의 작은 돌기가 생기는 것은 이 때문이며, 크기도 나빠진다.

2) 밭 준비

당근을 심을 밭은 완숙 퇴비와 고토석회를 충분히 뿌리고, 되도록 일찍 갈아엎어 두는 것이 좋다. 그리하여 씨를 뿌리기 직전에 묘상 폭 60cm, 15cm의 통로를 만들며, 밑거름으로서 1㎡당 퇴비 3.5kg, 복합비료 90g, 과인산석회 30g를 주어 흙과 잘 혼합한다.

● 이랑 넓이

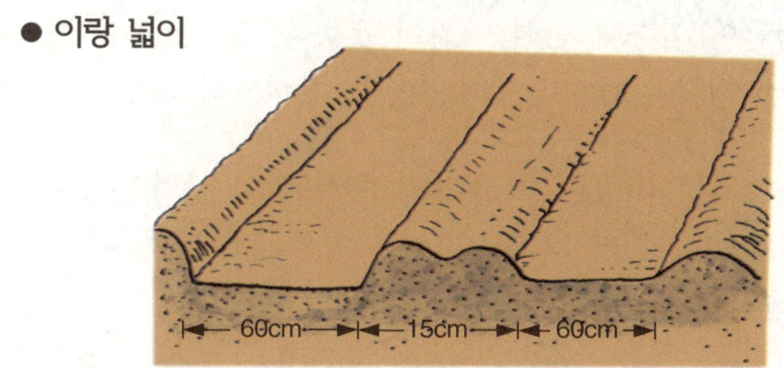

3) 파종

건조하기 쉬운 여름의 파종은 재배하기 어렵기 때문에 봄 파종이나 가을 파종이 일반적이다. 털이 나 있는 씨앗은 손바닥으로 잘 비벼 털을 제거하고 뿌리도록 한다.

이랑의 폭은 60cm로 하는 것이 좋으나 공간이 좁을 때는 이랑 폭을 30cm 정도로 하며, 씨앗은 밭 전체에 고루 뿌린다.

파종하기 전에 물을 충분히 주어 습기를 유지하게 하면 발아가 잘 된다. 당근의 씨앗은 햇볕을 좋아하는 성질이 있으므로, 흙은 씨앗이 보일락 말락 할 정도로 아주 얇게 덮는 것이 중요하다. 너무 두껍게 덮으면 발아가 아주 나빠진다.

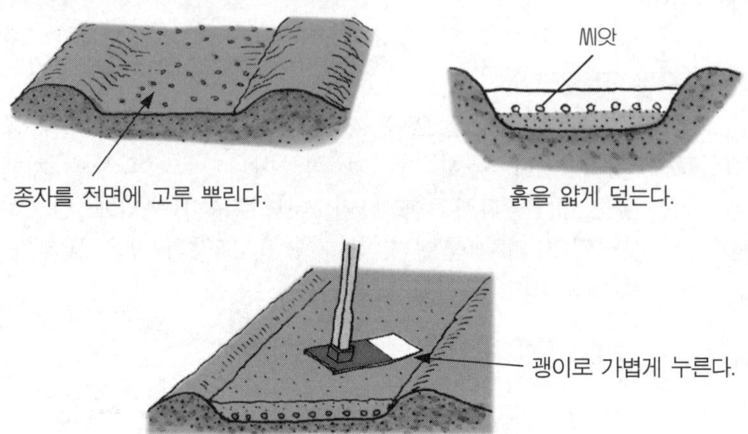

4) 제초와 솎음

발아 후의 생장이 늦고 잎도 작기 때문에 잡초가 많이 생기는데, 그냥 두면 당근이 잡초에 묻혀 자라지 못한다. 그러므로 제초작업은 필수적이다. 키가 5~6cm 정도 자라면 제초작업을 하며, 두 번 정도는 해 주어야 한다.

이때 포기 사이는 10~15cm 정도가 되게 솎아 주어야 한다. 솎아 주는 강도는 잎이 서로 겹쳐지지 않는 정도가 가장 적당하다.

● 발아 후의 솎아내는 방법

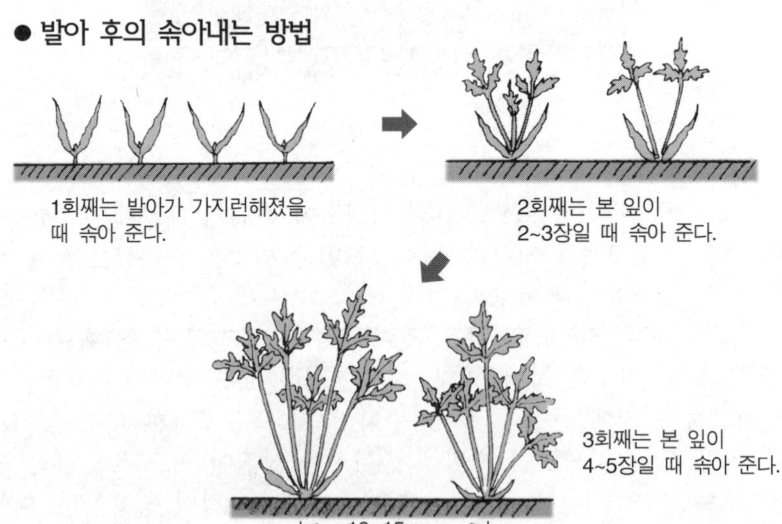

5) 추비와 흙 돋우기

비료분이 약하면 뿌리의 비대가 지연되므로, 솎음 작업을 한 뒤에 복합비료를 뿌리고 괭이로 가볍게 밭을 일구어 뿌리에 흙 돋우기을 한다. 뿌리가 노출되면 녹색으로 변하기 때문에 뿌리 부분은 늘 흙 속에 묻히도록 해야 한다.

● 흙 돋우기

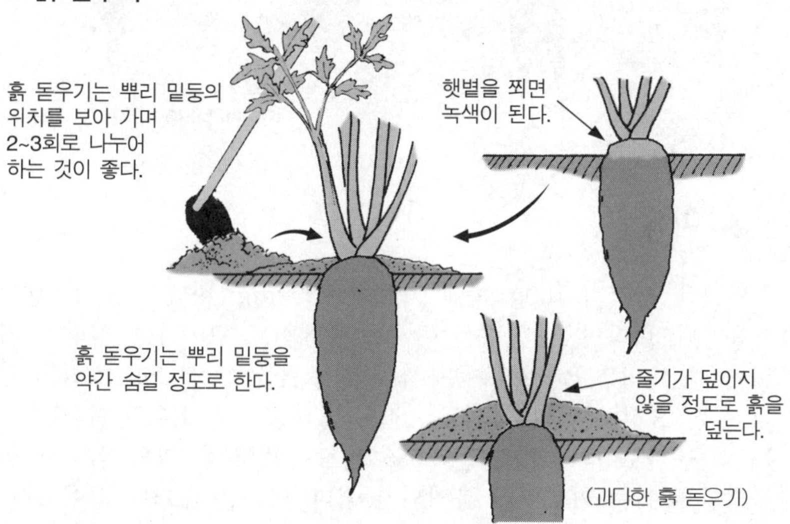

♣ 병충해

여름 고온이 되면 흑반병이 생겨서 잎이 말라 버리기 쉬우므로, 지네브 수화제를 정기적으로 뿌려 준다.

♣ 수확

뿌리가 비대해지면 큰 것부터 순차적으로 수확한다. 춥기 전에 수확해서 한 곳에 모아 흙을 덮어 두면 저장도 잘 된다.

요즘은 녹즙을 즐기는 사람이 많으므로, 겨울에도 잘 이용할 수 있도록 저온 창고에 넣어 두면 더욱 좋다.

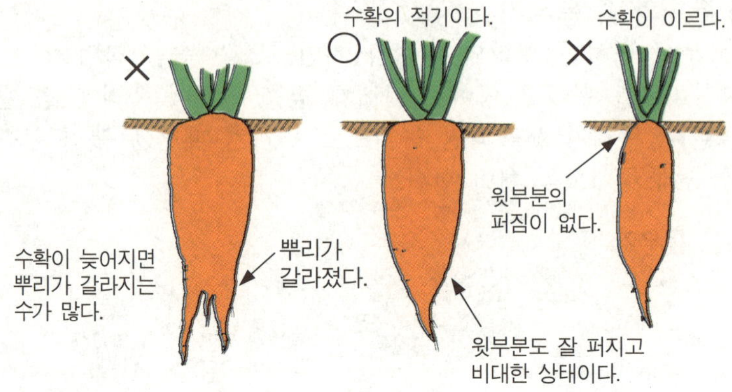

♣ 이용

당근은 생뿌리 100g 속에 카로틴 7300mg, 비타민 A 4100IU를 함유한다. 비타민 A 함량은 야채류 중에서도 뛰어나며, 영양적 가치도 높다. 비타민 B · C도 풍부하다. 카로틴을 살린 조리 방법은 기름과 함께 요리하는 것으로 50~60%의 카로틴을 섭취할 수 있다. 삶는 경우 카로틴의 섭취율은 30% 정도이며, 많은 양의 식초와 함께 조리할 때에는 카로틴이 분해되기 쉽다. 당근은 삶거나 끓이거나 날로 무치거나 비빔밥 · 초밥 등에 이용되며 생식도 가능하다.

동양계 당근은 육질이 단단하고 짙은 빨간 색이고, 유럽계 당근은 등황색으로 육질이 부드러운 것이 특징이다. 삶을 때에는 동양계 당근이 알맞지만, 현재 동양계의 재배는 유럽계에 비해서 적고 유통량도 많지 않다.

어린 잎은 영양적으로 우수한 유색 야채의 하나로 삶아서 식용하는데, 강한 향기와 풍미가 있다. 유럽계 당근은 여름철부터 시장에 나오며, 동양계 당근은 겨울철이 성수기이다.

● **갈라진 뿌리**

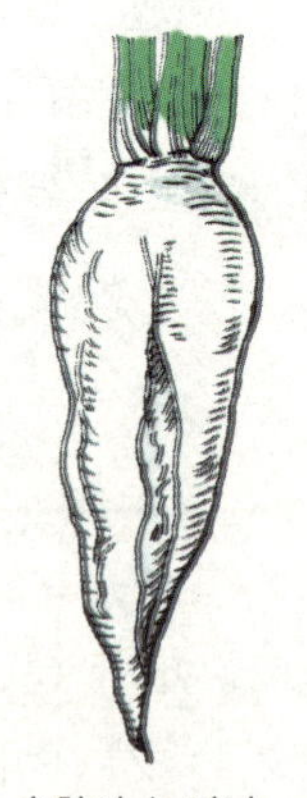

수확이 늦거나
토양 수분이
부족한 경우이다.

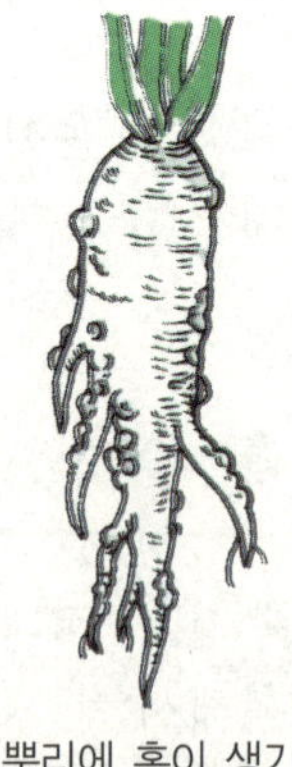

뿌리에 혹이 생기는
것은 '뿌리선충'이
기생한 것이다.
토양 소독을 하면
방제된다.

마늘

- 발아적온 : 22 ~ 23℃
- 생육적온 : 15 ~ 20℃
- 연　작 : 가능
- 용기재배 : 가능
- 난 이 도 : 낮음

월	1	2	3	4	5	6	7	8	9	10	11	12
작업내용									파종 ●			
				수확								

　　원산지는 중앙아시아나 이집트로 추정되는데, 우리 나라에는 중
국을 거쳐 전래된 것으로 추정된다. 단군신화와 《삼국사기》에 기록
된 내용으로 미루어 보아 재배의 역사가 긴 것으로 짐작된다. 톡 쏘
는 듯한 강한 냄새가 있어 예로부터 향신료·강장제·양념 등으로
널리 쓰여 왔다. 더위에 약해서 여름에는 지상부가 말라 휴면하는
성질이 있다.

♣ 재배

1) 재배 적지
겨울은 따뜻하고, 봄부터 여름에 걸쳐 통풍이 잘 되는 남향 땅이 적당하다.

2) 품종
크게 한지형과 난지형으로 구분된다. 한지형은 우리 나라 내륙 및 고위도 지방에서 가꾸는 품종으로 난지형보다 싹이 늦게 난다. 가을에 심으면 뿌리는 내리나 싹이 나지 않고, 겨울을 넘긴 뒤부터 생장한다. 저장성이 난지형보다 좋고 알이 크며 비늘조각 수가 적어 우수하다.

난지형은 가을에 심어 뿌리와 싹이 어느 정도 자라나서 큰 마늘로 월동하고, 봄에는 한지형보다 일찍 수확한다. 난지형은 꽃대가 길어 마늘종으로도 이용된다.

우리 나라에서의 한지형 품종으로는 '서산', '의성', '삼척'의 재래종이 있고, 난지형으로는 '남해백'과 '고흥백' 등이 있다. 시장에서 통용되는 마늘의 종류로는 '올마늘', '벌마늘', '육쪽마늘', '백마늘', '통마늘', '쪽마늘', '깐마늘', '암마늘', '수마늘', '장손마늘' 등이 있다.

3) 파종
일반적으로는 크고 병이 없는 종자 마늘을 준비하여 남쪽은 8~9월, 내륙지방은 9~10월에 심는다.

씨마늘을 한 쪽씩 쪼개는데, 이때 눈이 상하지 않도록 주의한다. 그리고 밑부분에 흠집이나 병든 자리가 없는 것을 골라야 한다.

마늘은 특히 산성에 약하므로 마늘을 심기 약 3주일 전에 고토석회와 밑거름을 뿌리고 잘 일구어 놓는다.

포기 사이를 약 15cm로 하고 깊이는 약 5cm로 한다.

● 씨마늘

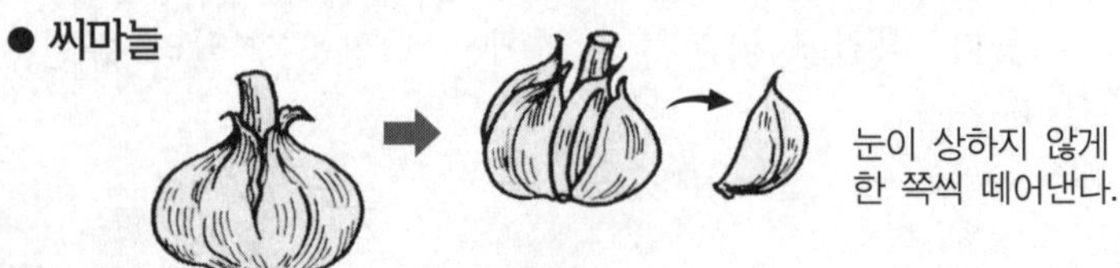

● 씨 뿌리기

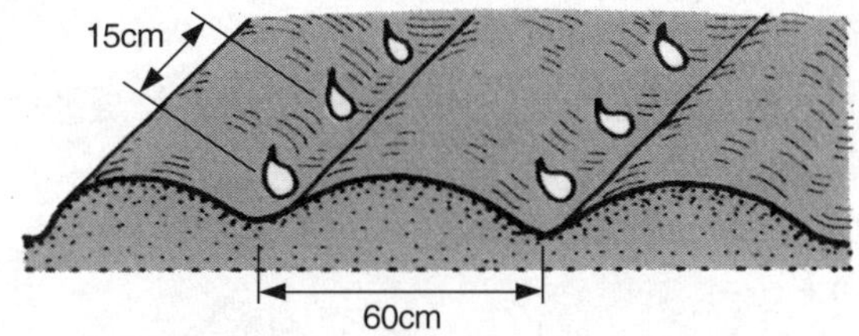

폭 60cm 이랑에 15cm 간격으로 심는다.

4) 발아 후의 손질

키가 10cm쯤 자랐을 때 포기 밑둥에서 곁눈이 발생하므로 일찍 따내 주고, 한 눈만 뻗게 하는 것이 중요하다. 또 4~5월에 나오는 봉오리도 따 버린다.

월동하여 일찍이 자라는 3월 중순경 복합비료를 주고, 중경(中耕, 사이갈이)하는 것이 좋다.

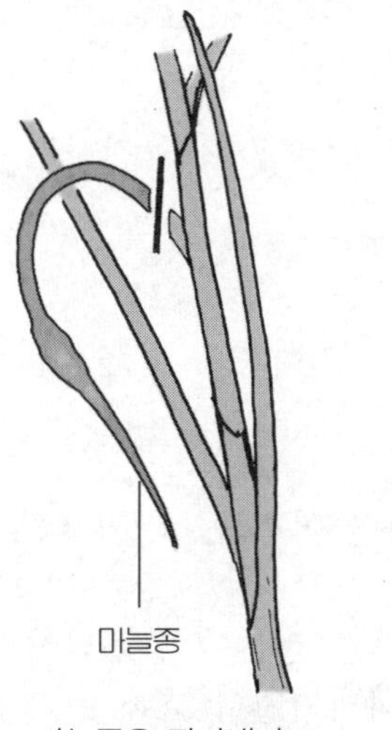

마늘종은 잘라낸다.

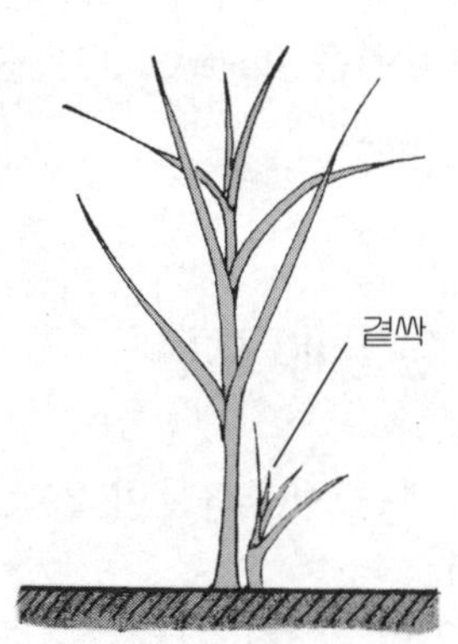

곁눈이 돋아나기 시작하면 따내어, 한 줄기만 뻗게 하는 것이 포인트이다.

5) 추비

11월 하순에서 12월 초순과 이른봄에 갑자기 생장하기 시작할 때 2회에 걸쳐 화학비료를 시비한다. 시비할 때마다 중경(中耕)을 한다.

♣ 병충해

병으로는 잎에 발생하는 탄저병, 노균병 등이 있는데, 지네브나 마네브 400배 액을 뿌려 준다.
해충으로는 고자리파리의 피해가 심하므로 다이아지논 등을 뿌려 방제한다.

♣ 수확과 저장

수확은 품종이나 지역에 따라 다르나 제주도와 남부에서는 5월 상순 무렵부터 실시하고, 내륙 및 고위도 지역에서는 6월 중순이나 하순에 실시한다.
마늘은 통풍이 잘 되고 습도가 일정한 곳에서 100개씩 묶어 저장한다. 마늘은 저장 중에 싹이 나는데, 이를 방제하기 위해서는 수확 10~20일 전에 MH-30을 0.15~0.25%의 액으로 만들어 $1km^2$당 $90 l$가량 뿌려 주는 것이 효과적이다.
냉장보관은 0~2℃에서 습도를 65~70% 유지하면 6~8개월 저장이 가능하다.

♣ 성분과 효능

마늘에는 탄수화물이 20%가량 들어 있는데, 그 대부분은 탄수화물이다.
또 아미노산의 일종인 알린이라는 성분이 함유되어 있다. 생마늘을 그대로 씹거나 썰면 세포가 파괴되면서 효소 분해에 의하여 이 알린이 알리신이나 디알리디설파이드 등으로 변하여 강한 냄새를 내게 된다. 마늘의 이 냄새 성분은 고기 비린내를 없애고 고기의 맛을 돋우어 주며, 소화를 도와주는 작용을 한다. 마늘의 냄새 성분 중의 하나인 알리신은 비타민 B_1(티아민)과 결합하여 알리티아민이 되는데, 비타민 B_1과 같은 작용을 하면서도 보다 흡수가 잘 된다. 따라서 마늘은 각기병을 막는 데 큰 효과가 있다.

현재 백미 위주의 식생활을 하는 우리 나라 사람들에게 각기병이 드문 이유는 우리가 마늘을 많이 먹기 때문이라고 할 수 있다.

또한 알리신에는 강력한 살균효과가 있어, 결핵균·콜레라균·이질균·임질균에 대한 살균효과가 뛰어나다.

한편 마늘의 영양효과로는 심장·근육의 작용에 활력을 주고, 체표면에 가까운 혈관을 확장하여 온혈(溫血)을 잘 도입하기 때문에 체표면의 온도를 보호하는 효과를 들 수 있다. 이밖에 마늘에는 비타민 C나 유지의 산화를 막으며 체내의 과산화지방 생성을 방지하는 노화방지의 효능도 있음이 실험을 통하여 입증되었다.

마늘은 우리 나라에서 없어서는 안 될 중요한 식품으로, 거의 모든 음식의 양념으로 쓰이고 있다. 마늘을 가열하여 효소가 파괴되면 매운 맛이나 냄새·살균작용이 없어지지만 창자 속에서 분해되어 그 효능을 나타낸다. 그러므로 강한 냄새가 싫은 사람은 익혀서 먹으면 된다.

파

- 발아적온 : 15 ~ 30℃
- 생육적온 : 15 ~ 20℃
- 연　　작 : 가능
- 용기재배 : 가능
- 난 이 도 : 보통

월	1	2	3	4	5	6	7	8	9	10	11	12
작업내용			파종 ●				정식 X				수확	
	수확											

　　파는 2000년 전부터 재배되기 시작했다는 기록이 전해질 만큼 오래된 채소이며, 중국에서는 한족이 원시시대부터 재배했다고 전해진다. 서양에서는 16세기의 문헌 기록이 최초라고 여겨지며, 미국에서는 19세기 이후에 소개되었다.

　　내한성이 커서 중국 동북부나 시베리아 지방에서도 자라고, 더위나 건조에도 강해서 열대지방에서도 재배되고 있다.

　　건위, 살균 등의 효과가 큰 야채로 알려져 있으며, 재배 방법도 비교적 간단하므로 가정원예에 아주 적합하다.

♣ 재배

1) 가꾸는 장소

배수가 잘 되고 끈끈한 점질의 흙이 적당하다. 너무 건조한 곳에서는 잘 자라지 않으므로, 배수가 잘 되면서도 적당한 습기가 있는 땅을 고르도록 한다.

2) 품종

품종은 내한성이 강한 '잎파(겨울 파)'와, 겨울철에는 생장이 정지되고 지상 부위가 말라 죽는 '줄기파(여름 파)', 중간형의 '겸용 파'로 나눌 수 있다.

줄기파는 전체가 크고 잎집 부분이 길어 연백 재배에 적합하다.

잎파는 식물체가 가늘고 분얼(分蘗, 땅 속 마디에서 가지가 나옴)이 많지 않으며, 잎파로 쓰인다.

3) 파종

파종은 3월 하순에서 5월 상순경에 실시한다.

밭 흙을 보드랍게 일군 다음 폭 10cm 정도로 씨를 뿌리는데, 파 씨는 햇빛을 좋아하는 성질이 있으므로 빛이 있는 곳에서 발아가 잘 된다. 그러므로 흙을 두껍게 덮지 말고 얇게 덮어야 한다.

파종 후 물을 주어 마르지 않게 하고, 발아하면 엷은 액비를 주어 생장을 촉진시킨다.

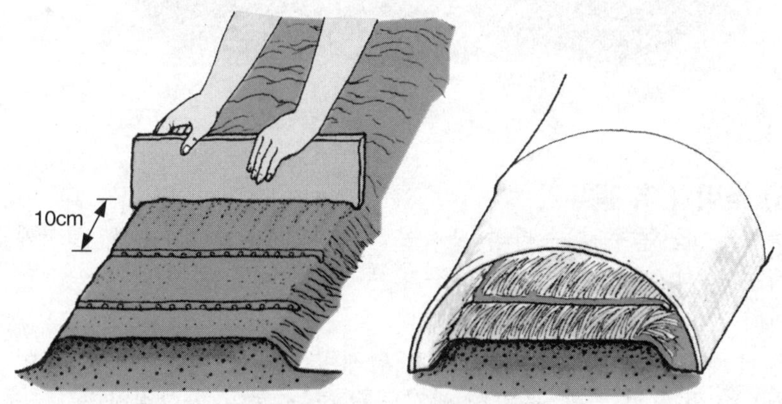

마르지 않도록 짚을 덮고 비닐을 씌운다.

4) 발아 후의 관리

생장함에 따라 포기 사이가 복잡해지므로, 자라는 상태를 봐서 솎아 준다. 이때 잡초도 제거한다. 그리하여 포기 사이가 약 5cm 정도가 되게 한다. 너무 간격이 좁으면 파가 가늘어진다.

5) 정식

파의 본 잎이 5장이 되면 밭에 정식하는데, 정식의 적기는 6월에서 7월이다.

정식은 간격 90cm, 깊이 20cm, 포기 사이 6cm 정도로 하며, 골을 팔 때 나온 흙은 한쪽에 모아두고 파를 수직으로 세운다. 파가 넘어지지 않을 정도로 흙을 덮어서 고정한다.

그리고 그 골 1m 정도 위에 피토모스 5ℓ, 복합비료 50g, 용성인비 30g를 고토석회 50g과 함께 살포하고 가볍게 흙을 덮어 둔다.

6) 추비와 흙 돋우기

추비와 흙 돋우기는 파의 생육을 봐 가면서 실시하는데, 첫번째 추비는 정식 후 50일경이 적당하다. 두 번째 이후는 20일 간격으로 수확하기 약 1개월 전까지 실시한다.

흙 돋우기는 추비를 할 때마다 단계적으로 실시한다. 그리하여 약 30cm 정도의 연백 부위가 생기도록 하는 것이 바람직하다.

연백 부위를 길게 하면 상품성도 높아질 뿐만 아니라 뿌리 부분의 보온과 보습도 잘 되어 저온과 건조에서 잘 보호될 수도 있다.

♣ 수확

11월에서 다음해 3월까지가 적기이다. 뿌리 부분의 연백 상태가 이루어진 때가 적기이다. 최후의 흙 돋우기를 하고 20일가량 지난 다음이 수확의 적기이다. 그때부터는 아무리 오래 두어도 상관없으므로 필요할 때마다 조금씩 수확해서 이용한다.

그러나 영하 8℃ 이하의 저온이 오래 계속되면 동해를 입기 쉬우므로, 추운 지방에서는 모두 수확하여 따뜻한 곳에 저장하도록 한다.

♣ 이용

생식하거나 요리에 널리 쓰이며, 한방에서는 뿌리와 비늘줄기를
강장제 · 흥분제 · 거담제 · 발한제 · 이뇨제 · 구충제로 쓴다. 삶는 경
우에는 살짝 데쳐내도록 한다. 너무 삶으면 향기도 없어지고 맛도
떨어진다.

♣ 영양가

자극성인 성분은 유화아릴리라는 물질로 소화액의 분비를 촉진한
다. 또한 고기나 생선의 누린내와 비린내를 제거하는 데 효과가 있
다.

● 수확

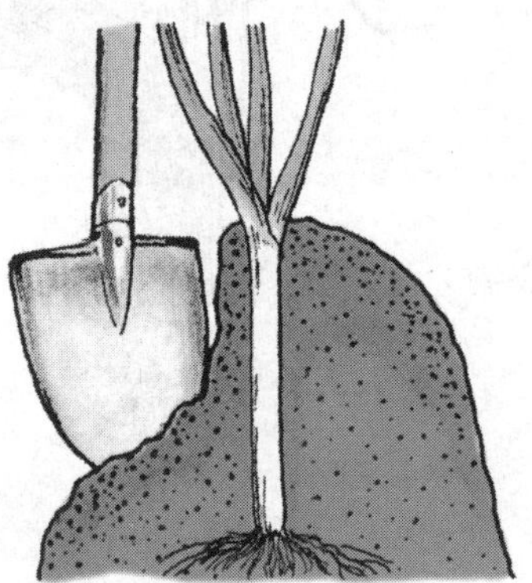

뿌리째 캔다.

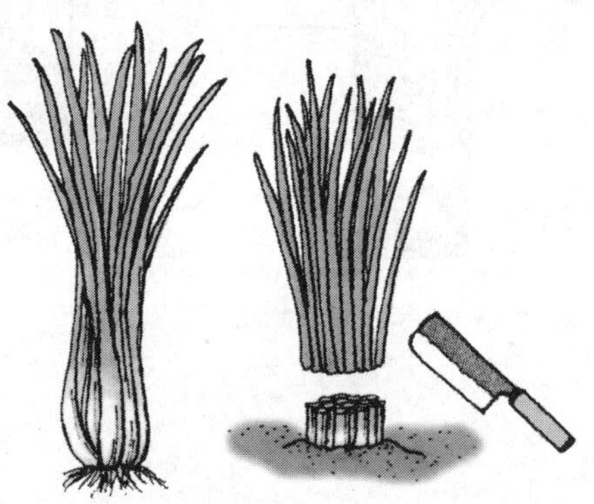

잎만 잘라서 이용한다.

배추

- 발아적온 : 20 ~ 25℃
- 생육적온 : 18 ~ 20℃
- 연　　작 : 불가(1~2년)
- 용기재배 : 불가
- 난 이 도 : 보통

월	1	2	3	4	5	6	7	8	9	10	11	12
작업내용	수확						파종●			수확		

▲ 결구 배추

▲ 비결구 배추

　우리가 가장 많이 이용하는 대표적인 채소로, 그 종류도 많다. 잎이 겹쳐져서 공 모양으로 되는 결구 배추, 공 모양으로 되지 않는 비결구 배추, 그 중간적 형태의 반결구 배추로 나눈다. 재배기간이 짧아 50~90일이면 재배가 끝난다. 토양 적응성이 넓고 재배하기 쉽기 때문에 다른 작물과 돌려짓기를 하기에 좋은 채소이다.

　생육에는 20℃ 정도의 서늘한 기후가 적당하며, 여름에 씨를 뿌려 가을에 결구시키는 가을 배추는 재배가 쉽고 수량도 많다. 그러나 기온이 낮을 때 씨를 뿌려 더울 때 수확하는 봄 배추는 재배가 까다롭다. 저온에 강해서 3℃까지는 견디지만, 고온에는 약해서 기온이 22℃ 이상으로 오르면 무름병이 발생한다.

♣ 재배

1) 가꾸는 장소

흙을 특별히 가리지는 않으나, 약간 점질이 있는 밭에서 품질이 좋은 배추가 생산된다.

▲ 대량으로 육묘하는 배추 묘

2) 품종

배추에는 결구하는 종류와 결구하지 않는 종류가 있는데, 가정원예에서는 잘 자라고 공간을 많이 차지하지 않는 비결구 배추를 심는 것이 유리하다.

왜깔이 배추는 내한성이 강하여 눈 속에서도 짙은 녹색을 유지하

▲ 정식한 배추 묘

며, 단기간에 수확할 수 있기 때문에 가정채원에서는 아주 적합한 품종이다. 일반적으로 그 지방에 맞는 품종을 종묘상에서 구입하는 것도 무방하다.

3) 파종

8월 중순에서 하순이 파종의 적기이지만, 기온이 높아서 고르게 발아되지 않으므로 포트에 육묘해서 밭에 정식하는 경우가 많다.

지름 10cm 정도 되는 포트에 씨를 뿌리고, 차광막 등을 덮어 물을 주면 2~3일 만에 발아한다. 여기서 본 잎이 5장 정도 될 때까지 기른다.

● **포트에 파종**

4) 묘상 만들기

배수가 잘 되고 양지바른 곳에 1㎡당 퇴비 4kg, 고토석회 150g 정도를 뿌리고 잘 갈아엎어 둔 다음, 밑거름으로 복합비료를 150g 정도 뿌리고, 70cm 정도의 이랑을 만든다.

5) 정식

본 잎이 5장 정도 되었을 때 약 50cm 간격으로 정식한다. 묘가 어릴수록 활착을 잘 하므로, 너무 늦게 이식하지 않도록 해야 한다.

뿌리가 바로 뻗도록 심는다.

6) 추비와 중경

활착 후 2주일 정도가 되었을 때 1차로 중경을 겸한 추비를 한다. 두 번째 중경은 결구를 시작하기 직전에 실시하는데, 이때도 1㎡당 복합비료를 60g 정도 준다. 그리고 흙 돋우기를 해서 배추가 결구해도 넘어지지 않게 한다.

7) 직파하는 경우

1, 2월에 하우스 안에서 파종하여 4월에 수확하는 촉성 재배, 4월에 파종하여 6월에 수확하는 봄 재배, 5~6월에 파종하여 7~8월에 수확하는 가을 재배가 있다.

잘 썩은 두엄과 석회를 충분히 넣고 밭을 간 뒤 씨를 뿌리며, 배추는 거름을 많이 주어야 하는데, 시비량은 1㎡당 질소 22~26g, 인산 12~16g, 칼륨 26~30g이다.

덧거름은 15일 간격으로 3~4회에 나누어 준다.

내병성(耐病性) 품종을 선택하고, 씨를 지나치게 일찍 뿌리지 말며, 돌려짓기 등을 하여 바이러스병·무름병 등을 구제하고, 살충제를 뿌려서 진딧물을 철저히 구제해야 한다.

♣ 수확

10월 하순부터 수확이 시작되는데, 서리가리개를 하지 않는 경우
11월 초순까지 모두 수확을 하는 것이 좋다.

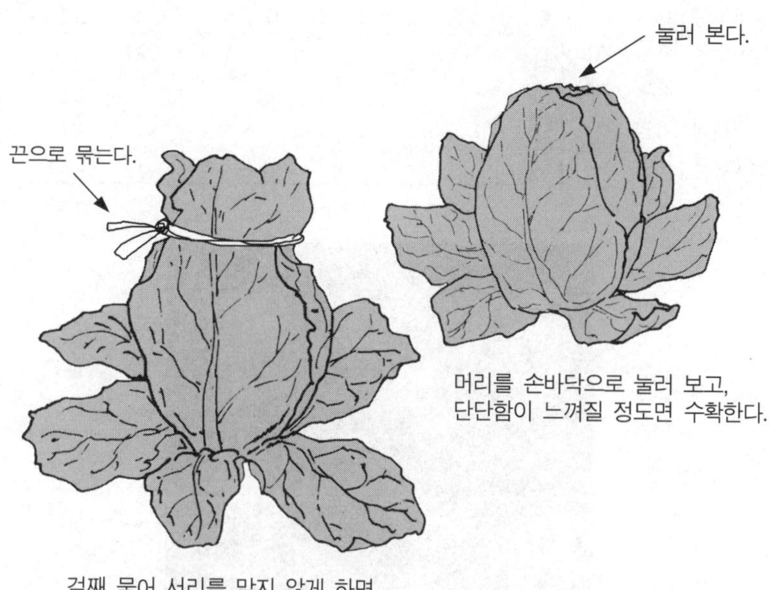

♣ 이용

배추는 무와 함께 김치의 주재료로서, 우리 나라의 4대 채소 가운
데 하나이다. 푸른 잎에는 비타민 A와 C의 함량이 풍부하여 국이나
쌈 등에도 이용된다. 결구한 것은 동해를 입기 쉬우므로, 추위가 오
기 전에 수확하여 배수가 잘 되는 곳에서 움저장 또는 고랑저장을
한다.

파슬리

- 발아적온 : 11 ~ 18℃
- 생육적온 : 15 ~ 20℃
- 연　작 : 불가(1~2년)
- 용기재배 : 가능
- 난 이 도 : 보통

월	1	2	3	4	5	6	7	8	9	10	11	12
작업내용			파종 ●					수확				

　양미나리라고도 하며, 잎을 식용한다. 줄기 전체에 털이 없고 특유의 향기가 있다.

　남유럽의 지중해 연안과 알제리아 계곡이나 들 사이에 자생하던 것을 식용으로 이용하게 되었고, 기원전 그리스와 로마에서 이미 애용했다고 한다. 동양에는 근래에 들어와 서양요리에 이용되고 있을 따름이다.

　한랭한 기후를 좋아하며, 5℃에서도 잘 자라지만 더위에는 약한 식물이다. 한번 심으면 오래도록 잎을 따서 이용할 수 있으므로 처음에 좋은 묘를 골라 심어야 한다.

♣ 재배

1) 육묘

봄에 파종하는 법과 가을에 파종하는 법이 있으나, 3~4월에 파종하는 것이 가장 무난하다.

육묘상자에 가로, 세로 1cm 정도로 씨앗을 고루 뿌린다. 발아하면 본 잎이 2장 정도 되었을 때 지름 9cm 정도인 포트에 옮겨서 본 잎이 6~7장이 될 때가지 기른다.

2) 묘상 준비

지상부에 비해서 지하 뿌리 부분이 깊게 땅 속으로 뻗는 성질이 있으므로, 고토석회나 소석회를 충분히 뿌리고 깊게 갈아두어야 한다.

정식하기 전에 퇴비와 복합비료를 약간 주고, 이랑 사이가 60cm 되게 골을 만들어 둔다.

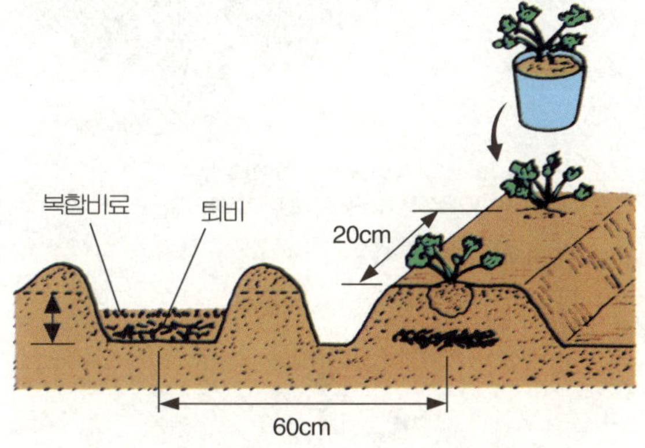

3) 정식

묘가 본 잎이 5~6장 정도로 자라면 정식을 한다. 포기 사이를 약 20cm로 심고, 활착하면 2주일에 한 번 정도 복합비료를 조금 주고 흙 돋우기를 한다.

♣ 수확

본 잎이 12장 정도 되었을 때 바깥쪽 잎부터 한 포기에 2개 정도 수확한다.

♣ 영양

향기의 성분은 아피올(apiol)이라 하며, 100g 중에 비타민 A_5 6000IU · B_1 200γ · B_2 160γ · C 270mg이 들어 있다.

고대 그리스 · 로마시대에 이미 향미료나 해독제로 이용되었으며, 또한 아피올을 함유하고 있어, 통경제(通經劑)나 키니네의 대용품으로 사용된다. 독특한 향기가 있어 잎을 수프 · 소스 · 샐러드 · 튀김 등에 사용하며, 서양요리에서는 장식용으로 놓기도 한다. 비타민 A · C 외에 철분과 칼슘도 많다.

● 수확

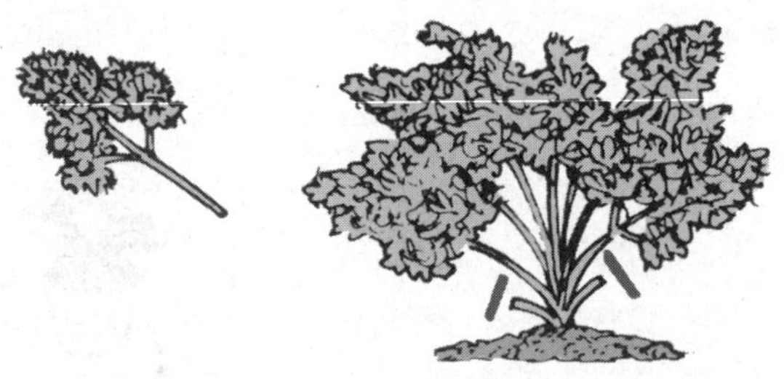

본 잎이 12~14장 되었을 때
바깥쪽 잎부터 차례로 수확한다.

● 꽃대의 솎음

봄에 꽃대가 생기면
빨리 제거한다.

- 발아적온 : 28 ~ 30℃
- 생육적온 : 25 ~ 30℃
- 연　작 : 불가(3~4년)
- 용기재배 : 가능
- 난 이 도 : 낮음

월	1	2	3	4	5	6	7	8	9	10	11	12
작업내용	파종 ●				정식 X		수확					

　가지과 한해살이 식물로, 피망이라는 이름은 고추를 의미하는 프랑스 어 피망(piment)에서 유래한 것이다. 형태는 고추와 비슷하지만 잎이 넓고 크며, 과실이 크고 사자의 머리 모양 같이 생겼으며 과육(果肉)이 두껍다.

　고온을 좋아하고 여름 더위에 강하여 늦가을까지 수확할 수 있으나, 일찍 심으면 생장이 늦다. 그러나 가을이 되어 서서히 온도가 내려가는 데는 비교적 강하다. 가지가 약하고 연해서 쉽게 부러질 수 있으므로, 반드시 지주를 세워서 재배해야 한다.

♣ 재배

1) 심는 장소
너무 습한 곳을 싫어한다. 배수가 잘 되는 사질양토를 좋아하고, 양지바른 곳을 좋아한다.

2) 품종
'캘리포니아 원더', '취옥(翠玉) 2호' 등이 모양도 좋고 맛도 좋다.

3) 육묘
정식할 수 있도록 육묘하는 데는 70~80일간이나 걸리므로 가정에서 몇 포기 심을 때는 종묘상에서 구입하는 것이 좋다. 그러나 취미로 집에서 육묘하고자 할 때는 가지 모종을 내는 것과 같은 방법으로 하면 된다. 그러므로 가지 모종 육묘상자 옆에 필요한 포기만큼 파종하면 된다.

● 묘 심는 법

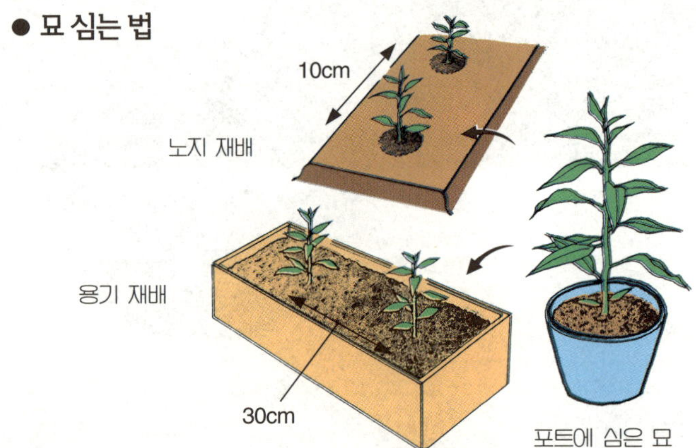

4) 정식
5월 중순경이 되어 기온이 충분히 오른 다음, 가지 심는 요령과 같이 심으면 된다. 노지에 심을 때는 포기 사이 40cm 정도로 하고, 용기 재배일 때는 35cm 정도로 한다. 지온을 높이기 위해 밭에 검은 색 비닐을 깔아 주면 더 좋다.

5) 정식 후의 관리
뿌리가 얕게 뻗고, 가지도 연하므로 반드시 지주를 세워야 한다.

아래쪽 곁눈은 따 버리고, 나무 모양은 가지와 같이 주지를 세 개 길러서 수확한다.

늘 비료와 수분이 부족되지 않도록 하며, 2주일 간격으로 추비를 한다.

● 지주 세우기

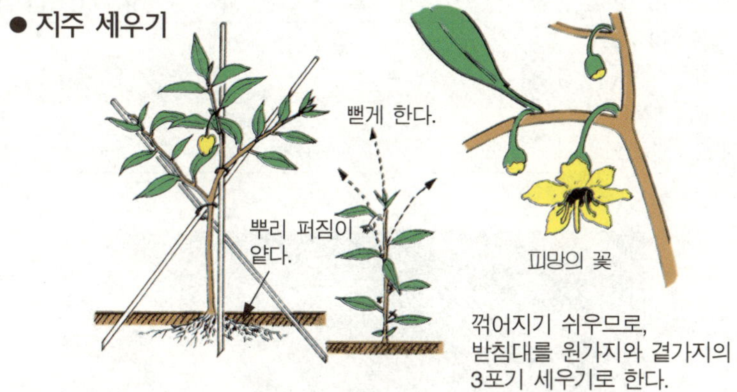

♣ 병충해

병해에는 풋마름병, 반신시들음병 등 흙 속에 사는 병균에 의한 것이 많다. 이밖에 잎에 흰가루를 뿌린 것 같은 흰가루병도 종종 발생한다.

심기 전에 펜타겐 등의 토양 살균제로 토양을 소독해 두면 발병을 방지할 수 있다.

♣ 수확

개화 후 15일이 지나면 수확이 가능한데, 피망은 좀 일찍 따는 것이 유리하다. 일찍 땀으로써 초세도 회복되고 수확량도 많아지며, 과실의 맛도 좋다.

♣ 영양

향기가 좋고 맛이 있으며, 비타민 A · 비타민 B_1 · 비타민 B_2 · 비타민 C가 풍부하며, 튀김 · 소박이 · 샐러드 등으로 한식 · 양식 · 중식 등의 각종 요리에 쓰인다.

머위

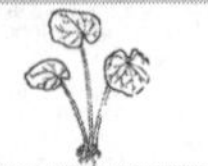

- 발아적온 : 10 ~ 23℃
- 생육적온 : 10 ~ 23℃
- 연　　작 : 가능
- 용기재배 : 부적합
- 난 이 도 : 낮음

월	1	2	3	4	5	6	7	8	9	10	11	12
작업내용			심기 ●				수확					

　　국화과의 여러해살이풀로, 유럽·아시아·북미·우리 나라에서는 남부지방을 비롯한 제주도·울릉도 등 광범위하게 분포되어 있다. 자생하는 것을 '산머위', 재배 품종은 '물머위'인데, 물머위는 쓴맛이 적은 만큼 향기도 적다.

♣ 재배

1) 가꾸는 장소

　　건조에 약하므로 습기가 많고 그늘진 곳이 적당하다. 그러므로 낙엽수의 밑이나 반 해그늘의 장소에서 잘 자란다.

　　만약 너무 건조한 곳이라면 짚이나 차광막을 덮어 차광해 주며, 자주 물을 주어야 한다.

2) 품종

'조생 머위'나 '물머위'를 심는 것이 유리한데, 만일 구하기 힘이 들면 '산머위'의 뿌리를 채취해서 심어도 좋다.

3) 모종의 준비

병해가 없고 충실한 지하근을 3~5마디 잘라서 모종으로 한다.

● **뿌리줄기 나누기**

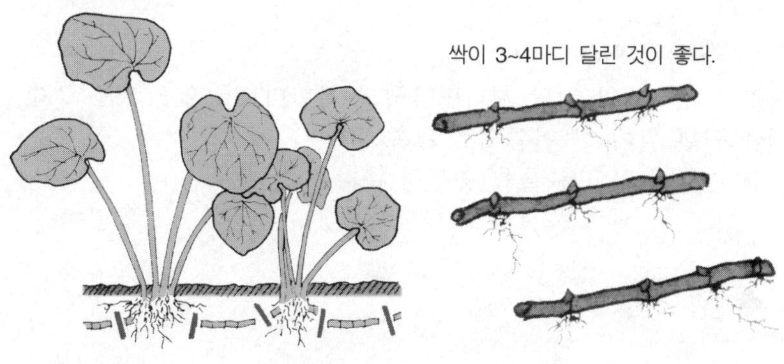

뿌리줄기를 10~20cm로 잘라 파낸다.   가는 뿌리는 그냥 둔다.

4) 심기

3월 하순이 심기에 적당한 시기이다.

심을 밭 1㎡당에 피토모스 5ℓ, 유박 100g, 복합비료 150g, 용성인 비료 100g, 고토석회 100g을 살포한 뒤 흙과 잘 혼합해서 깊이 30cm 정도로 잘 갈아엎어 둔다.

묘상은 넓이 1m, 높이 20cm 정도로 하고, 포기 사이를 30cm 정도로 하여 3줄로 심는 것이 좋다.

5) 발아 후의 손질

특별히 다른 손질을 하지 않아도 잘 자라는 채소이다. 그러나 마르지 않도록 짚을 깔아 주면 더 좋다.

● 추비와 부초

생육 중에는 3회 정도 포기 사이에 깻묵을 뿌려두면 잘 자란다.

여름에는, 특히 건조한 장소에서는 짚이나 마른 풀 따위를 깔아 주어 건조를 막는다.

6) 추비와 관수

정식 후 1개월 정도 지나면 1㎡당 복합비료를 20g 정도 주고, 그 다음은 한 달에 한 번쯤으로 계속 준다.

늘 마르지 않도록 물을 충분히 준다.

♣ 병충해

어린 잎에 진딧물이 많이 끼므로, 좀 일찍 마라손 유제 등을 2회 정도 뿌려 준다. 또 잎이 시드는 병이 생길 수도 있는데, 이때는 이상이 발견되는 포기를 캐내는 것이 좋다.

♣ 수확

4월에 심은 것은 6월부터 수확이 가능하다. 잎이 부드러운 동안 차례로 잎줄기의 밑둥에서부터 잘라낸다. 9월까지 수확할 수 있으므로 필요할 때마다 잘라내면 된다.

다음해 봄에 나는 '머위 장다리'는 되도록 빨리 따서 이용하도록 한다. 꽃이 피면 초세가 갑자기 약해지고, 포기가 말라 죽는 수도 있다.

머위는 한 번 심으면 5~6년은 계속 수확할 수 있으므로, 마당 한구석에 심어 두면 아주 편리하다.

♣ 이용

잎자루는 나물로 식용하고 어린 싹은 진해제(鎭咳劑)로 약용하며, 주로 한국·중국·일본에 분포한다.

데친 머위를 곧 찬물에 넣으면 선명한 푸르름이 되살아난다. 국거리 또는 나물로 무쳐 먹는다.

찬물에 헹구지 않으면 갈색으로 변색되는 이유는 폴리페놀 화합물을 함유하고 있기 때문이다. 특히 산머위는 떫은 맛이 강하므로 물에서 충분히 우려낼 필요가 있다.

초장 조림, 조갯살 조림, 된장 절임 등의 요리에 이용된다.

● **수확과 이용**

줄기가 부드러울 때 수확한다.　　　빨리 찬물에 넣으면 색이 변하지 않는다.

콜리플라워 

- 발아적온 : 15 ~ 30℃
- 생육적온 : 15 ~ 20℃
- 연　작 : 가능
- 용기재배 : 불가
- 난 이 도 : 보통

월	1	2	3	4	5	6	7	8	9	10	11	12
작업내용		수확					파종 ●	정식 X			수확	

　우리가 '콜리플라워'라고 부르는 것은 '브로콜리' 또는 '헤딩 브로콜리' 및 '스프라우팅 브로콜리' 등과 모두 같은 계통의 식물이며, 일괄적으로 '꽃양배추'라고 하는 것이다.

　양배추의 한 변종으로 콜리플라워의 원종이라고 생각된다. 잎은 진한 녹색이고 잎 가장자리가 깊이 패어 있으며, 원줄기 윗부분 또는 잎 겨드랑이에서 나온 곁가지의 윗부분에는 발달된 진한 녹색의 꽃봉오리 집합체가 형성된다.

　품종에는 조생종과 만생종이 있으며, 끝 꽃봉오리를 전용으로 하는 것과 곁 꽃봉오리를 이용한 것도 있다. 로마시대부터 양배추류의 녹색의 꽃줄기(greenshoot)가 이용되었고, 이탈리아에서는 중요 야채로서 개량되었다.

♣ 성질과 품종

양배추와 같은 품종이며, 가장 진화가 늦게 된 품종이다. 꽃봉오리는 대부분 녹색이지만 간혹 자색인 것도 있다. 조생종은 22℃에서 꽃눈 분화가 이루어지고, 중생종은 17℃ 이하, 만생종은 2~3℃ 이하에서 이루어지는데, 꽃눈 분화 때 잎이 많은 것일수록 큰 꽃봉오리가 생겨난다.

♣ 재배

1) 재배 장소

배수가 잘 되고 비옥한 땅이 좋다. 모래가 많은 가벼운 땅에는 부엽토와 퇴비 등을 많이 주어 토양을 비옥하게 해서 심는 것이 좋다.
좋은 꽃봉오리를 만들려면 토양이 건조하면 안 되므로, 유기질이 많고 보수력이 좋은 땅에 심도록 한다.

2) 품종

콜리플라워는 '후지', '엘리스노볼' 등, 브로콜리는 '조생종', '그린 18' 등이 유리하다. 여러 종류를 함께 재배하면 수확 기간의 폭이 넓어지고 다양해진다.

3) 파종

나무상자나 노지에 파종해도 되며, 고토석회를 뿌려 땅을 중화한 다음에 파종한다. 상자에 뿌리는 경우, 씨를 뿌린 다음 씨가 겨우 묻힐 정도로 얕게 흙을 덮어 주고 물을 충분히 주며, 날씨가 더울 때는 그늘을 만들어 주도록 한다.

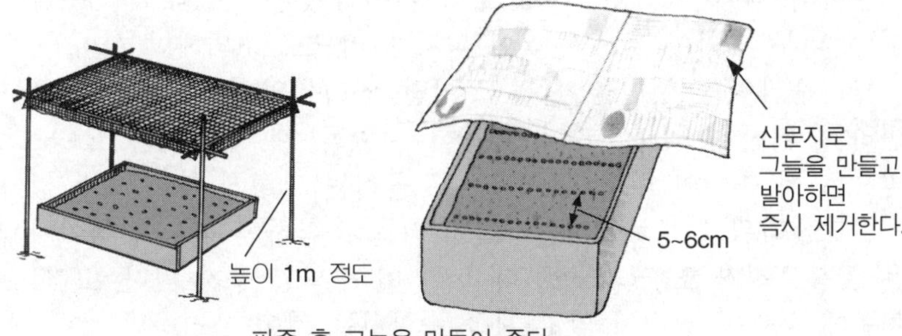

파종 후 그늘을 만들어 준다.

4) 발아 후의 손질

싹이 돋아나면 촘촘한 부분은 솎아내고 본 잎이 2~3장이 되면 가식을 하는데, 그때 포기 간격은 10cm로 한다.

정식은 본 잎이 6~7장 정도 되었을 때 실시하며, 뿌리의 흙이 떨어지지 않게 조심해서 심는다. 포기 사이는 콜리플라워는 40cm, 브로콜리는 50cm 정도로 하는 것이 적당하다.

5) 흙 돋우기와 추비

심은 직후는 마르지 않도록 매일 물을 주며, 뿌리가 내리면 10일 쯤 뒤에 1차 흙 돋우기를 한다. 이때 고랑 곁에 복합비료를 웃거름으로 준다.

콜리플라워와 브로콜리는 모두 비료의 흡수가 왕성하므로 심기 전에 밑거름을 다른 작물보다 약간 더 많이 준다. 그리고 흙 돋우기 때의 웃거름은 액비 등 속효성 비료를 사용해도 효과가 있다.

♣ 수확

수확의 적기는 꽃봉오리가 보이기 시작했을 때부터 약 3주일 뒤이다. 너무 수확이 늦으면 꽃이 퍼져 버리므로 주의해야 한다.

콜리플라워는 햇볕을 오래 쪼이면 연백색의 꽃봉오리가 누렇게 변하기 때문에 꽃봉오리가 충분히 자랐을 때 연백하는 요령으로, 잎으로 싸 주어야 한다. 그러나 브로콜리는 그렇게 할 필요가 없다.

콜리플라워와 브로콜리는 꽃봉오리를 수확하면 곁눈이 돋아나 작은 꽃봉오리가 또 달리므로 다시 한 번 수확할 수가 있다. 그러므로 처음에 포기째 파내지 말고 계속 수확하는 것이 유리하다.

● **콜리플라워의 수확**

콜리플라워는 꽃봉오리가 3~5cm 되면 포기를 묶는다.

♣ 이용

뜨거운 물에 살짝 데쳐서 샐러드로 이용하는 경우가 많으며, 그 밖의 요리에도 쓰인다. 예를 들면, 삶아서 초간장에 곁들이는 요리에 이용해도 좋을 것이다. 어떤 경우에도 너무 오래 데치면 물러져서 맛이나 풍취가 소멸된다.

그 외에도 튀김·밀가루 튀김·피클 등에 광범하게 이용할 수가 있다.

녹색 야채로서 영양가가 높기 때문에 서양에서는 데쳐낸 뒤 마요네즈에 버무려 샐러드를 만들어 먹거나 스튜·그라탱 등에 넣어 먹기도 한다.

♣ 영양

비타민류를 다량으로 함유하고 있다.

● **브로콜리의 수확**

시금치

- 발아적온 : 15~20℃
- 생육적온 : 15~20℃
- 연　　작 : 가능
- 용기재배 : 적당
- 난 이 도 : 보통

월	1	2	3	4	5	6	7	8	9	10	11	12
작업내용				파종			수확	(춘파)	파종		수확	
	수확		(추파)									

　　원산지는 아프가니스탄에서부터 투르키스탄에 걸친 서아시아 지역인 것으로 추정되며, 지금도 이 지역에서는 근연(近緣) 야생종 S.tetrandra가 생육하고 있다.

　　중국에는 한(漢)나라 때 페르시아로부터 실크로드를 거쳐 도입되었거나, 당(唐)나라 태종 때 네팔로부터 헌정되었을 것이라고 한다. 우리 나라에는 중국을 거쳐 전래된 것으로 추측되는데, 1577년(선조 10)에 최세진(崔世珍)의 《훈몽자회》에 처음으로 시금치가 등장하는 것으로 보아 조선 초기부터 시금치가 재배된 것이 아닌가 추정하고 있다.

　　시금치 품종은 크게 '동양종'과 '서양종'으로 나눈다. 동양종은 중국에서 전래된 것으로 추측되는 품종들인데, 우리 나라의 재래종도 이에 포함된다. 동양종은 대부분 씨에 돌기가 있고 추대가 빠르고 잎이 길며, 내한성이 강해 추파용(秋播用)으로 적당하여 겨울 시금치라고도 한다. 서양종은 유럽과 미국에서 도입된 것으로 대부분 씨에 돌기가 없이 둥글고 추대가 늦으며, 내한성이 약해 춘파용(春播用)으로 적당하여 봄 시금치라고도 한다. 우리 나라에서는 대체로 동양종을 좋아한다.

♣ 재배

1) 가꾸는 장소
시금치는 저온을 좋아하는 식물이며, 0℃에서도 생장이 계속되나 20℃ 이상의 고온에서는 생장이 정지된다. 건조에 약하며, 노지 재배에서는 여름에 통풍이 잘 되고 서늘한 곳에서 재배하는 것이 좋다.

2) 품종
잎에 톱니가 깊고 뿌리 부분이 붉은 재래종과 톱니가 없고 줄기가 굵은 서양종이 있다. 재래종은 추위에 견디는 힘이 강하기 때문에 가을 파종에 적합하다. '우성', '약초' 등의 품종이 있다.
서양종은 '민스터랜드', '노벨' 등이 있다.

3) 파종 준비
산성 토양을 극히 싫어하므로 밭 전체에 고토석회나 소석회를 1㎡당 100g 정도 뿌리고 깊이 20cm 이상 되게 갈아엎어 둔다. 지난해에 시금치 재배를 하여 성과가 좋지 못했던 밭에는 석회의 시비량을 두 배 내지 세 배 정도 더 많이 뿌려서 토양의 산도를 교정한다.

4) 파종

파종 시기는 봄 파종은 4~5월이 좋고, 가을 파종은 9월이 적기이다. 가을 파종을 너무 서둘러 일찍 하면 장다리가 나와 상품 가치가 떨어진다.

씨를 뿌리기 전에 밑거름으로 1㎡당 퇴비 2kg, 복합비료 약 70g을 시비하고 흙과 잘 혼합해 둔다.

밭의 형편에 따라 묘상을 만드는데, 작업과 관리에 편리하도록 폭 1m, 통로 30cm, 높이 15cm 정도의 묘상을 만들어서 씨를 고루 뿌리는 것이 좋다.

● **발아** (고온에서는 발아가 잘 안 되므로 저온 처리한다)

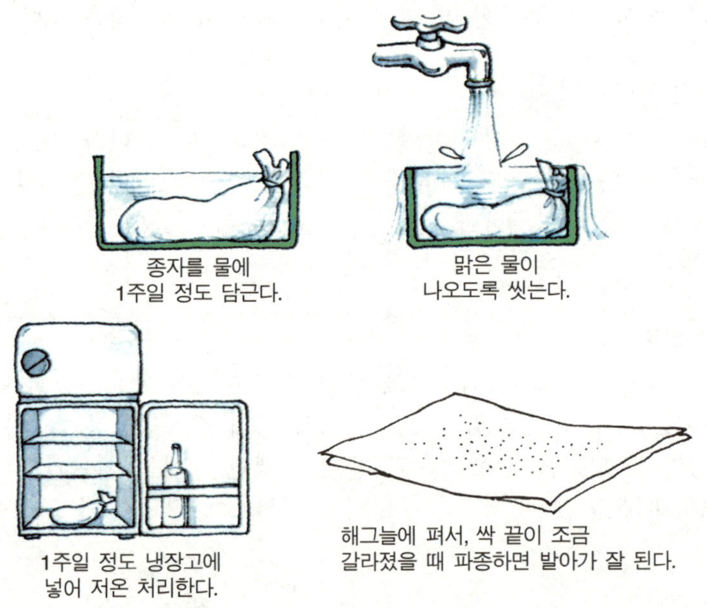

5) 발아 후의 손질

씨는 조금 달게 뿌리고, 생장하는 것을 보아서 점차 솎아낸다. 본잎이 2장 정도일 때는 3~4cm 간격으로, 키가 7~8cm 정도일 때 5~7cm 간격으로 솎아 주면 건강하게 잘 자란다.

일반적으로 봄 파종은 달게 심어 어릴 때 수확하고, 가을 파종은 포기 사이를 넓게 해서 크게 키워 월동하도록 한다. 솎아낸 다음에는 복합비료를 주고 밭을 매 준다.

● **파종 방법**

6) 보온

가을 파종한 시금치를 월동시키기 위해서는 비닐 하우스 안이 적당하다. 비교적 추위에 강하므로 중부 이북지방에서도 비닐을 씌우면 겨울을 무사히 넘길 수 있다.

▲ 비닐 하우스 속에서 월동 중인 시금치

♣ 수확

본 잎이 7~8장 나오면 벌써 수확하는데, 봄 파종을 한 경우 수확이 늦어지면 장다리가 나오므로 조금 일찍 수확하는 것이 좋다. 수확은 한꺼번에 다 하지 말고 자람에 따라 솎아내는 방식으로 하면, 오래도록 많은 양을 수확할 수 있다.

그러나 장다리가 보이기 시작하면 전부를 일시에 수확한다.

♣ 영양과 이용

시금치는 특히 무기양분(미네랄)과 비타민이 풍부한 채소로 알려져 세계적으로 많이 식용되고 있다. 즉, 시금치 식용 가능 부분 100g에는 칼슘 55mg, 인 60mg, 철분 3.7mg, 비타민 A 1700IU, 비타민 B_1 0.13mg, 비타민 B_2 0.23mg, 비타민 C 65mg이 함유되어 있다. 시금치는 잎이 연해서 어린이, 노인, 환자가 먹기에 적합한 채소이다. 우리 나라에서는 시금치를 주로 데쳐서 나물로 무쳐 먹거나 된장국 재료로 이용한다. 미국에서는 특히 시금치를 냉동·건조시켜 보존식품으로 개발하여 활용하고 있다.

● 솎아내는 방법에 따른 포기의 차이

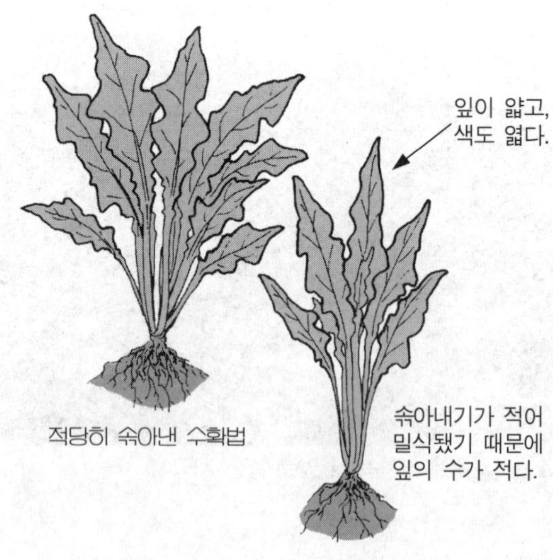

파드득나물

- 발아적온 : 15~20℃
- 생육적온 : 13~17℃
- 연　　작 : 가능
- 용기재배 : 가능
- 난 이 도 : 보통

월	1	2	3	4	5	6	7	8	9	10	11	12
작업내용			파종			수확			(춘파)			
									파종		수확	(추파)

　미나리과에 속하는 여러해살이풀로, 한국·중국·일본·북아메리카 등지에 자생한다.

　봄과 가을에 긴 잎자루 끝에 3장의 작은 잎이 붙고, 뿌리 위에 난 잎이 다발로 나며, 여름에 꽃줄기가 50cm 정도 되면 줄기 끝에 흰색의 작은 꽃이 핀다. 늦여름에 종자가 익으며, 숲 가장자리의 반음지에서 자라고 야채로서 재배되며, 반디나물이라고도 한다.

　서늘한 기후를 좋아하여 봄과 가을에 가장 잘 자라며, 여름에는 차광막이나 그늘을 만들어 주어야 하고, 겨울에는 비닐을 씌워 보온해야 한다. 그늘에서도 잘 자라므로, 가정에서 기르는 몇 포기는 겨울에 플랜터에 넣어 실내에 두어도 좋다.

♣ 재배

1) 재배 장소

보수성이 좋고 건조하지 않은 땅을 선정한다. 매일 많이 이용하는 채소가 아니므로 상자에서 재배해도 좋다.

이때 배양토로는 적옥토 7에 부엽토 3의 비율로 잘 혼합해서 이용한다.

2) 품종

잎의 빛깔이나 줄기의 빛깔이 다소 차이가 있을 뿐 본질적으로는 다를 바가 없으므로 아무거나 심어도 좋다.

모두 향기가 진하고 맛은 담백하며, 재배법에 따라 '실반디나물', '뿌리반디나물', '자름반디나물' 등의 이름이 있다.

실반디나물은 봄에서 가을까지 수시로 파종하고 15~20cm가 되었을 때 수확한 것으로 보통 반음지에 빽빽이 파종하고, 약간 연화시켜 가늘고 부드럽게 길러 이용한다. 뿌리반디나물은 봄에 파종하여 뿌리를 충분히 기르고 겨울에 잎이 마른 뒤 흙 돋우기를 해 주고 다음해 봄에 잎 끝이 지상으로 나왔을 때 캔 것으로, 뿌리째 씻어 이용한다. 자름반디나물은 촉성으로 연화 재배한 것으로, 밭에서 기른 뿌리를 초겨울부터 캐내어 흙이 붙지 않은 상태로 온상에 심어 어둡고 습기가 많은 조건에서 기른다. 그 다음에 잎새만 녹색이 되도록 빛을 쪼이고, 잎자루가 30cm 정도로 자랐을 때 뿌리로부터 잘라서 출하한다.

3) 파종

씨앗은 작고 얇으며 발아가 잘 되지 않으므로, 밭을 잘 고르고 흙을 보드랍게 부수어, 정성을 다해서 파종해야 한다. 종자는 햇빛을 좋아하는 성질이 있으므로 흙은 두껍게 덮지 않아도 발아가 잘 된다.

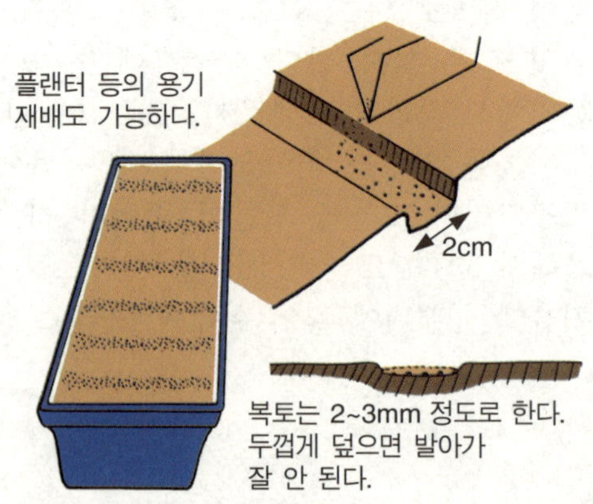

씨를 뿌린 다음 판자 등으로 가볍게 눌려두면 된다.

4) 발아 후의 관리

건조에 약하므로 늘 마르지 않도록 물을 주어야 한다. 발아하면 복잡한 곳을 솎아 주고, 2주일에 한 번씩 복합비료를 조금씩 준다. 파드득나물은 약간 좁은 듯하게 밀식시키는 편이 질이 좋은 나물을 생산하는 방법이므로, 솎을 때 이 점을 유의해야 한다.

● 솎음

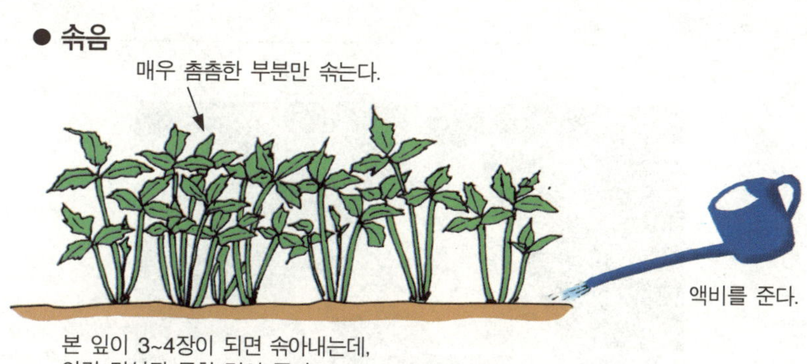

♣ 수확

본 잎이 5~6장 자라면 수확을 시작한다. 뿌리목이 2cm쯤 되도록 잘라내면 또 눈이 돋아나므로 다시 수확할 수가 있다.
시장에서 뿌리가 달린 파드득나물을 구입했을 때, 뿌리를 심어두면 새싹이 돋아난다.

● 솎음

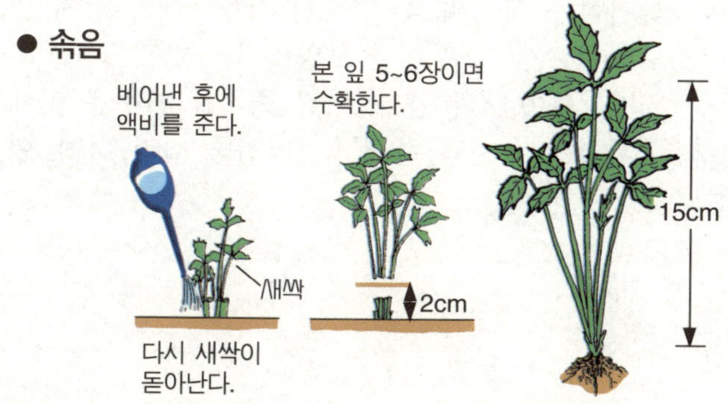

양하

월	1	2	3	4	5	6	7	8	9	10	11	12
작업내용			심기					수확				

- 발아적온 : 15 ~ 25℃
- 생육적온 : 20 ~ 25℃
- 연　　작 : 불가(3~5년)
- 용기재배 : 가능
- 난 이 도 : 보통

　생강과의 여러해살이풀로 높이는 약 1m에 달한다.

　잎은 2줄로 어긋나며, 잎새는 30cm 정도의 긴 타원형으로 끝이 가늘고 뾰족하다. 다육질의 땅속줄기가 옆으로 뻗고, 초가을에 땅속줄기의 마디 부분에서 꽃줄기가 나오며, 그 끝이 땅 위로 드러나서 꽃이삭이 달린다. 꽃이삭은 다수의 꽃 턱잎이 좌우 2줄로 겹쳐 있으며, 전체는 길이 5~7cm로 약간 평편한 모양이다.

　꽃이삭은 꽃양하라고 하며, 식용한다. 어린 줄기를 어두운 곳에서 연백도장(軟白徒長, 허옇게 웃자람)한 것을 '양하죽'이라 하며, 이것도 역시 식용한다.

♣ 재배

1) 심는 장소

양하는 고온과 건조에 약하고 바람에 상하기 쉬우므로, 심는 밭
은 약간 그늘이 지고 바람이 통하지 않는 곳이 좋다.

2) 품종

품종은. 여름에 꽃이 피는 작은 '여름 양하'와 가을에 피는 큰
'가을 양하'가 있다.

3) 묘상 만들기

묘를 심기 2주일 전에 1㎡당 피토모스 10ℓ, 복합비료 100g, 용성
인비 100g, 고토석회 130g을 흙과 잘 섞고, 깊이 30cm 정도까지
갈아엎어 둔다.

심을 때는 폭 20cm, 깊이 10cm인 골을 60cm 간격으로 만들어,
포기 사이를 50cm 정도로 심는다.

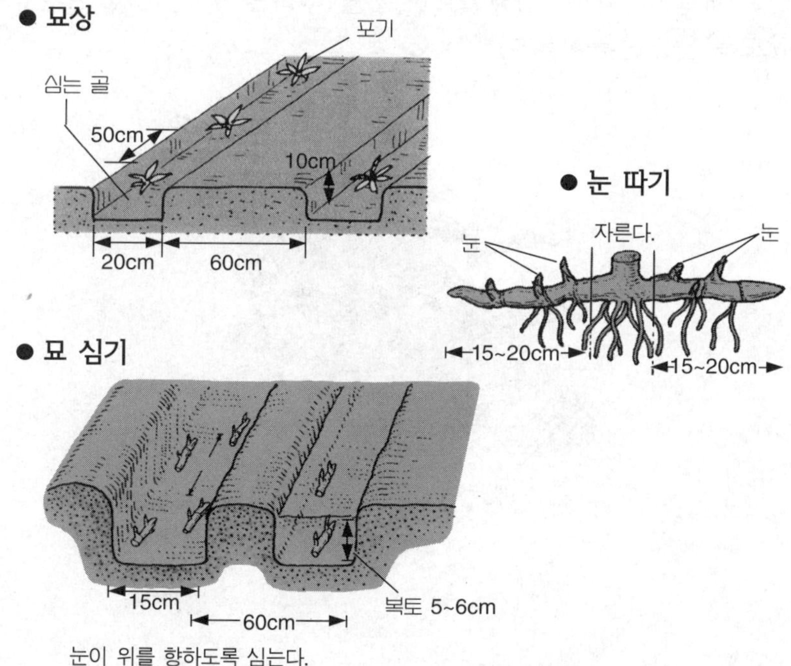

4) 심은 후의 관리

마르지 않도록 물을 주며, 위에 부초나 짚을 덮어 준다.

● **부초**

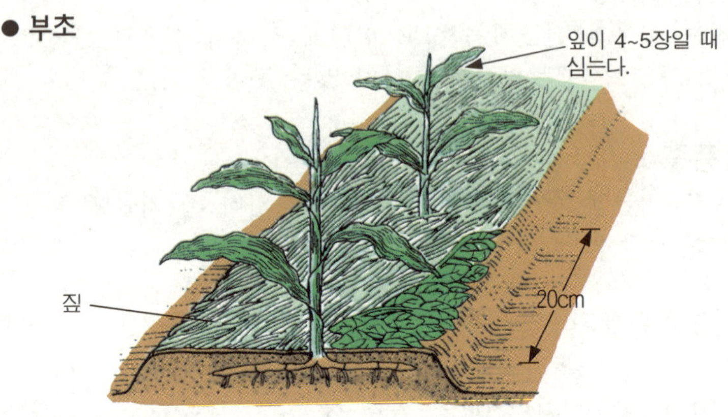

5) 추비와 관수

발아하기까지 약 한 달이 걸리는데, 최초에 발아한 눈의 본 잎이 5장 정도가 되었을 때 1㎡당 속효성 비료를 20g 정도 준다. 그 뒤 잎이 마르기까지 한 달에 한 번 꼴로 추비를 하며, 항상 건조하지 않도록 물을 충분히 준다.

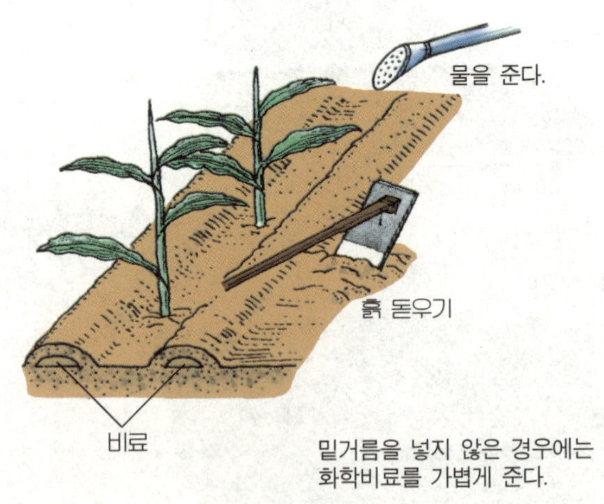

밑거름을 넣지 않은 경우에는
화학비료를 가볍게 준다.

♣ 수확

꽃양하는 여름에서 가을까지 수확하고, 양하죽은 이른봄에 나오는 새싹을 이용하거나 복토로 연화해서 이용하도록 한다.

양하는 번식력이 강해 갈지 않아도 잘 자라는데, 겨울에 왕겨 등을 깔아 주면 추위에 상하지 않고 이듬해 봄에 일찍 발아한다.

양하죽을 얻을 경우에는 발아 전에 50cm 정도 크기의 나무상자를 만들어 덮거나 흙과 왕겨를 덮는다. 또한 그루터기를 캐어 온실에서와 마찬가지로 덮고 연화촉성(軟化促成)시키는 것도 있다.

● 양하죽 만들기

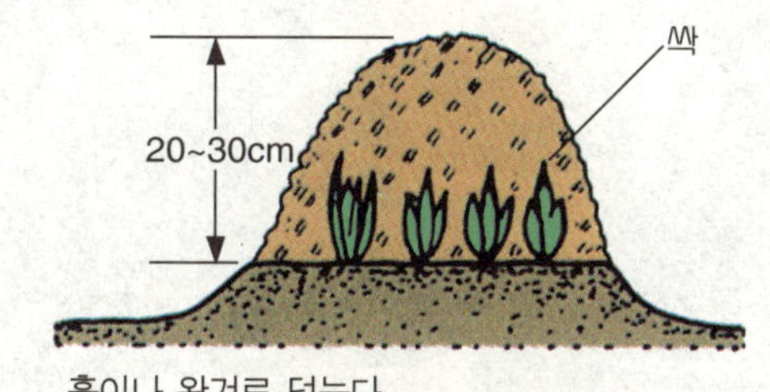

흙이나 왕겨로 덮는다.

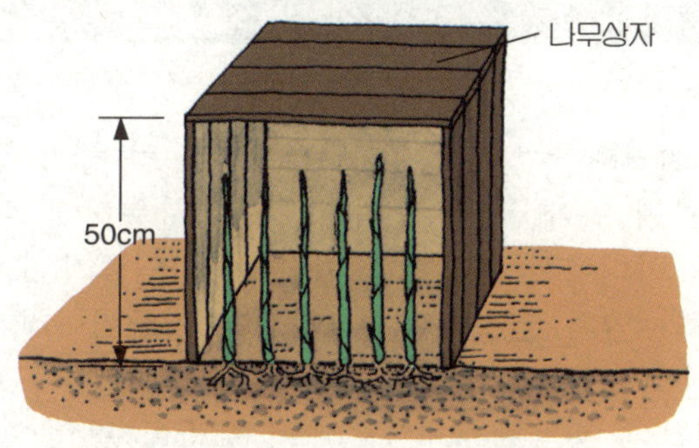

생강

- 발아적온 : 15 ~ 25℃
- 생육적온 : 20 ~ 25℃
- 연　　작 : 불가(3~5년)
- 용기재배 : 가능
- 난 이 도 : 보통

월	1	2	3	4	5	6	7	8	9	10	11	12
작업내용					정식					수확		

　　생강과의 여러해살이풀로 '새앙'이라고도 하며, 땅속줄기를 식용한다. 줄기는 땅 속에 있으며, 마디가 울퉁불퉁하게 비대하여 덩이줄기가 된다. 마디에서 지상으로 뻗어 나오는 줄기 모양의 것은 비늘조각 모양의 잎과 잎집 부분이 포개진 헛줄기이며, 윗부분에 보통의 잎이 어긋나고 높이는 50~90cm이다.

　　생강은 연작이 불가능하며 3~4년의 윤작이 필요하다. 중요한 양념으로, 우리 나라 사람들에게 없어서는 안 될 향신료이다.

♣ 재배

1) 심는 장소

열대 원산의 고온다습을 좋아하는 채소이므로, 보수력이 있고 햇볕이 잘 드는 남부지방이 재배의 적지이다. 어려서는 반 그늘에서도 견디지만 생육기에는 햇볕을 많이 필요로 하는 작물이다.

과습한 곳이 좋지만 배수가 잘 되지 않으면 썩을 염려가 있으므로 배수가 잘 되면서도 보수력이 강한 밭을 택하도록 한다.

2) 품종

'봉상' 생강이 우리 나라 기후와 풍토에 알맞으며, 중생종으로 유망한 품종은 '금시', '황강' 등이 있다.

3) 씨생강

씨생강은 4월경 종묘상에서 구입하는데, 살이 찌고 병이 없으며, 눈이 3개 정도 붙은 것을 고르도록 한다.

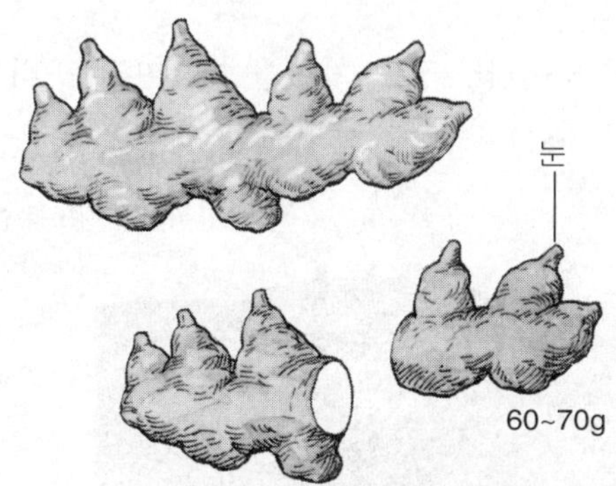

눈 2~3개 정도를 붙여서 자른다.

4) 발아

밭에 그냥 심으면 발아하는 데 2개월 이상 걸릴 수도 있으므로, 온실이나 비닐 하우스 안에서 발아시켜 정식하는 것이 유리하다.

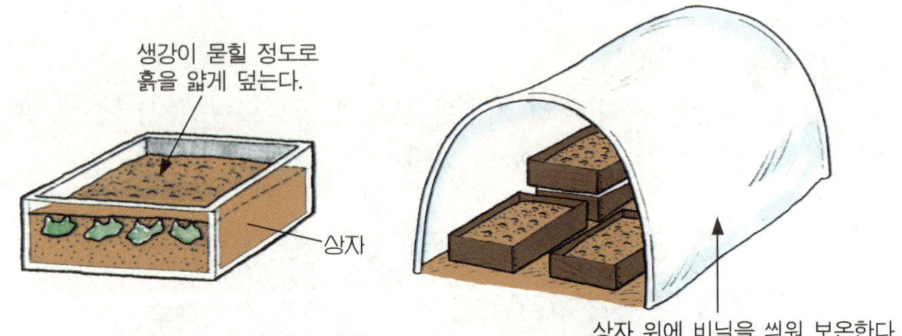

5) 묘상 준비

심기 2주일 전에 1㎡당 고토석회 120g 정도를 뿌리고, 1주일이 지난 다음 퇴비를 1㎡당 150g 정도 뿌린 다음 잘 갈아엎어 둔다.

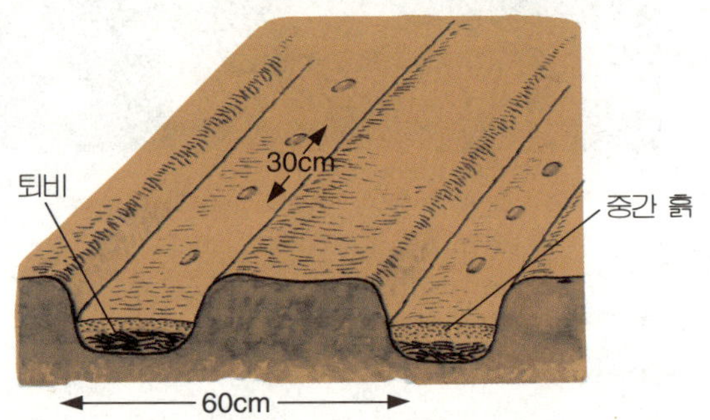

6) 묘 심기

5월 중순경 눈이 6~7cm 정도 자랐을 때, 미리 준비한 밭에 심는다. 이때 너무 깊게 심지 않도록 주의해야 한다.

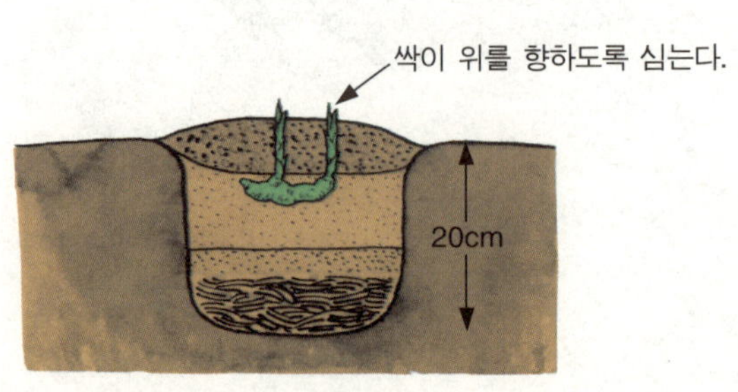

7) 정식 후의 관리

심은 뒤 10일이 지난 다음 추비를 하고, 그 다음 2주일 간격으로 추비를 겸한 제초와 흙 돋우기를 한다.

항상 마르지 않도록 관수를 하고, 건조하기 쉬운 밭에는 부초를 한다.

♣ 수확

가을이 되어 뿌리덩이가 충분히 자라면 상처가 나지 않게 수확한다. 상처가 나면 오래 저장할 수 없기 때문이다.

♣ 이용

영양가는 별로 없는 채소이나, 독특한 향기와 매운 맛은 단연 향신료의 으뜸이라 할 수 있다.

한방에서는 신선한 뿌리줄기를 생강이라 하여, 약으로 이용한다. 맛은 맵고 성질은 약간 따뜻한데, 폐경·비경·위경에 작용한다. 생강즙은 건위작용을 하며, 위점막을 자극하여 반사적으로 혈압을 높이고 억균작용을 한다.

싹눈 양배추

- 발아적온 : 15 ~ 30℃
- 생육적온 : 15 ~ 22℃
- 연　작 : 가능
- 용기재배 : 적합
- 난 이 도 : 보통

월	1	2	3	4	5	6	7	8	9	10	11	12
작업내용							파종				수확	
			수확									

　양배추의 한 변종으로 줄기가 자라서 직립하고 그 곁눈이 발달하여 결구하는 채소로서, 서양에서 들어온 새로운 야채이다.

　곁눈의 결구는 저온에서 잘 이루어지고, 12~13℃에서 가장 잘 결구된다. 그보다 온도가 더 높아지면 품질이 저하되고 결구도 잘 되지 않으므로, 고랭지에서 재배하는 것이 좋다.

♣ 재배

1) 재배 장소

　배수가 잘 되고 토심이 깊은 사질양토가 적당하며, 여름이 시원한 고랭지가 재배의 적지이다. 우리 나라에서는 아직 크게 유행하지 않는 채소이므로, 소량을 가정원예로 할 경우 상자에서 재배하는 것이 좋다.

2) 모종 내기

포트나 상자에서 모종을 길러 밭에 정식하도록 한다. 용토는 밭 흙이나 부엽토를 섞은 적옥토 등 아무 것이나 좋지만, 석회를 충분히 뿌려 토양의 산도를 교정하는 것이 요점이다.

3) 파종

포트에 파종할 경우 한 곳에 4~5개의 씨앗을 아주 얕게 뿌리고, 물을 충분히 주어 마르지 않게 한다. 서늘한 기후를 좋아하므로, 씨를 뿌린 포트는 나무 그늘에 두거나 차광막으로 그늘을 만들어 준다.

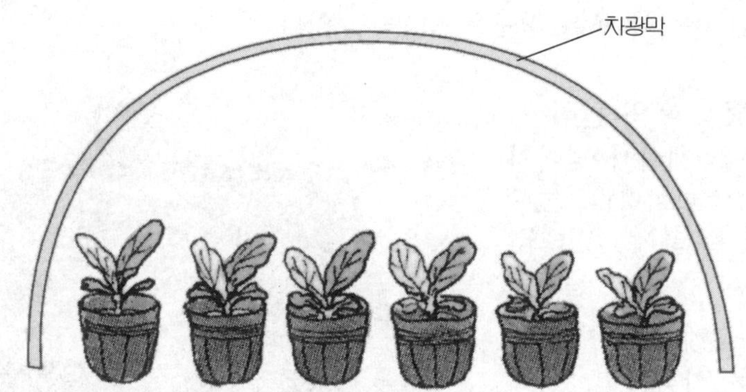

4) 발아 후의 관리

모종이 자람에 따라 솎아 주고, 최종적으로는 한 곳에 한 포기가 되도록 한다.

5) 묘상 만들기

심을 밭에 약 2주일 전, 1㎡당 퇴비 2kg, 고토석회 150g 정도를 뿌려 깊이 갈아둔다. 그리고 정식 2~3일 전에 복합비료 150g 정도를 뿌리고 폭 90cm, 높이 15cm의 묘상을 만든다.

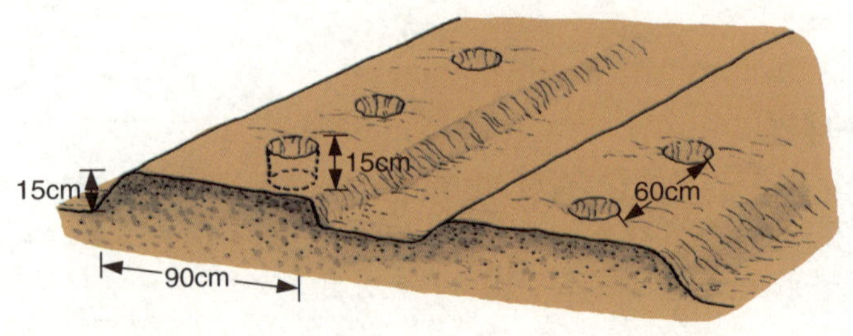

6) 정식

본 잎이 4~5장 되었을 때, 포기 사이를 60cm 간격으로 묘를 심는다. 생육 기간도 길고 생장도 왕성하므로 조금 넓게 심고, 활착되면 2주일에 한 번쯤 추비를 한다. 결구가 시작될 때까지 묘수를 크게 키워 두어야 좋은 결구를 얻을 수 있다.

7) 정식 후의 관리

지주를 새워서 넘어지는 것을 방지한다. 그냥 내버려 두면 줄기가 땅에 누워서 좋은 결구를 할 수 없게 된다. 곁눈이 결구를 시작하면, 아래 부분의 잎을 차례로 따서 양분의 손실을 막도록 한다.

♣ 수확

줄기 아랫부분부터 결구하므로 지름이 3cm 정도 되면 아래 쪽부터 차례로 수확한다.

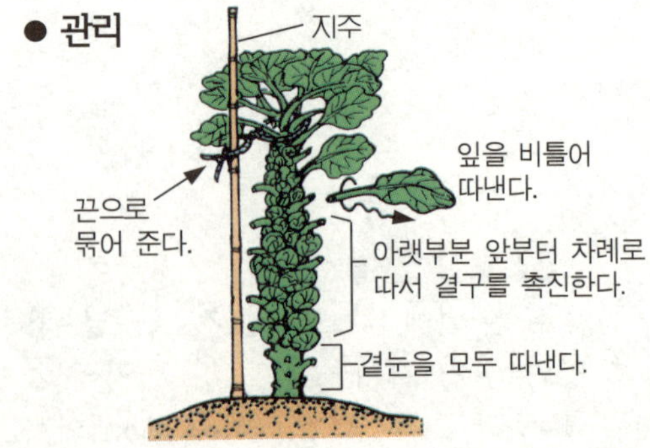

- 발아적온 : 30 ~ 32℃
- 생육적온 : 25 ~ 30℃
- 연　　작 : 불가(2~3년)
- 용기재배 : 가능
- 난 이 도 : 높음

월	1	2	3	4	5	6	7	8	9	10	11	12
작업내용			파종 ●	정식 ─X─			수확					

　박과의 덩굴성 한해살이풀로서, 멜론에는 캔털루프계·겨울 멜론계·그물 멜론계의 3계통이 있으며, 그물 멜론계와 캔털루프계의 멜론은 향기가 뛰어나 사향에 비유하여 머스크 멜론이라고 한다.

　제2차 세계대전 후 그물 멜론과 겨울 멜론, 그리고 근접한 참외를 인공교배하여, 병이나 습기에 강하고 재배하기 쉬운 개량 품종을 만들어 노지 재배용 멜론으로 널리 보급하였다. 이것이 노지 멜론으로, 크게 참외의 유전형질을 이어받은 것과 이어받지 않은 것으로 나누어지는데, 참외의 유전형질을 이어받은 것의 대표적인 품종은 프린스 멜론(1962년 육성)이다. 열매 표면에 그물 모양의 무늬는 없으나·병에 강해 생산량이 많으며, 재래 참외에 비해 맛이 우수하기 때문에 널리 보급되었다.

♣ 재배

1) 재배의 적지

배수가 잘 되는 사질양토가 적지이며, 건조에 약하므로 수시로 관수할 수 있는 밭에 심어야 유리하다.

2) 품종

재배하기 쉬운 것은 프린스계 품종이며, '금태랑', '황금 9호' 등이 재배하기 쉽다. 그물이 있는 품종으로서는 '안데스', '보너스', '암스' 등이 있는데, 그물이 있는 품종은 대부분 하우스 재배용이다.

3) 육묘

육묘에는 높은 온도를 필요로 하므로 노지에서는 불가능하다. 낮기온 26~28℃, 밤기온 18~20℃를 필요로 하므로, 하우스 안에서 보온해 가면서 육묘해야 한다. 가정원예로 몇 포기 정도 기를 경우에는 꽃을 기르는 온실 한구석에서 재배할 수 있다.

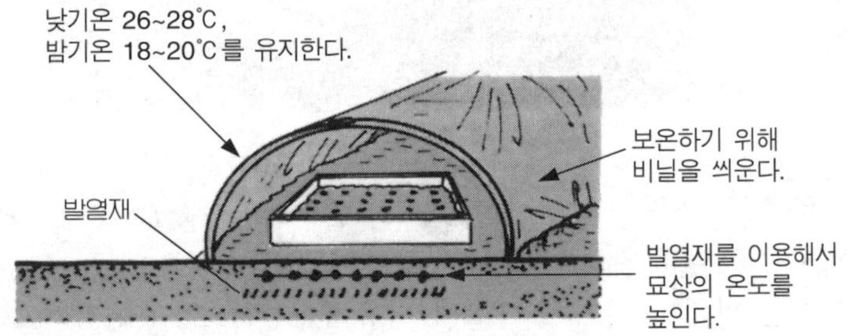

4) 정식

기온이 충분히 상승하고 서리의 염려가 절대 없는 5월 상순경이 정식의 적기이다. 정식 약 2주일 전에 밭 전체에 퇴비와 고토석회를 충분히 뿌리고, 지온이 높아지도록 이랑을 높이 지어 놓는다.

묘상은 넓이 150cm, 높이 50cm 정도로 약간 높게 하는 것이 습해를 방지하여 건강하게 키울 수 있다. 배수가 잘 되지 않으면 여러 가지 병이 발생해서 좋은 과실을 딸 수 없다.

지온을 높이고, 잡초를 막기 위해 멀칭하는 것이 좋다.

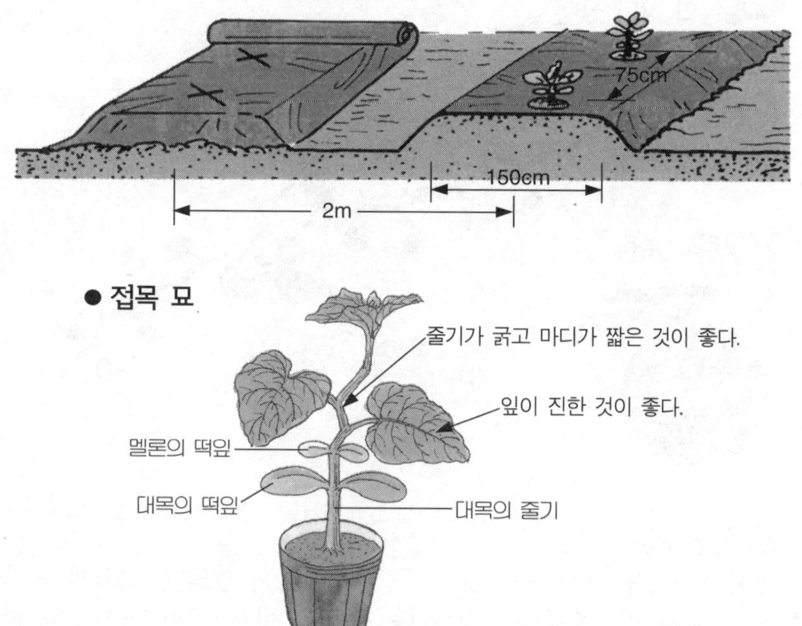

5) 적심

멜론의 결과습성은 암꽃과 수꽃이 한 그루에 피거나 혹은 양성화와 수꽃이 한 그루에 핀다. 결실은 손자순에서 이루어지므로, 적심을 잘하는 것이 멜론 농사의 포인트이다.

본 잎이 5장 정도일 때 어미순을 적심해서 아들순을 유도하고, 아들순 가운데 세력이 강한 것 세 개를 남기고 다른 것은 솎아 버린다. 아들순의 잎이 10장 정도 자라면 적심해서 손자순을 발생시킨다. 이 손자순의 첫마디에 암꽃이 핀다. 이 암꽃을 결실시키고, 암꽃에서 잎 3장만 남기고 그 끝을 적심한다.

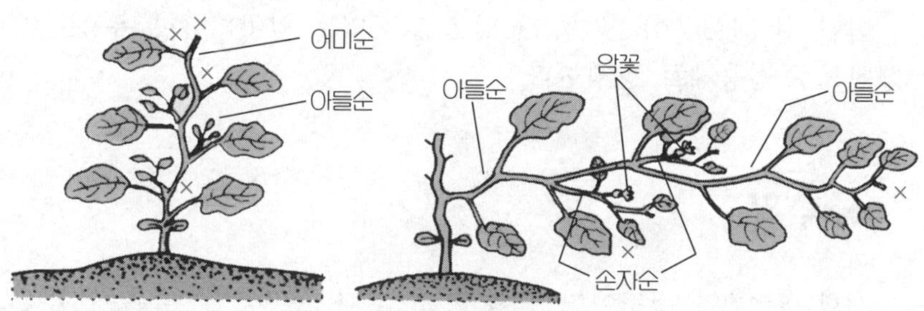

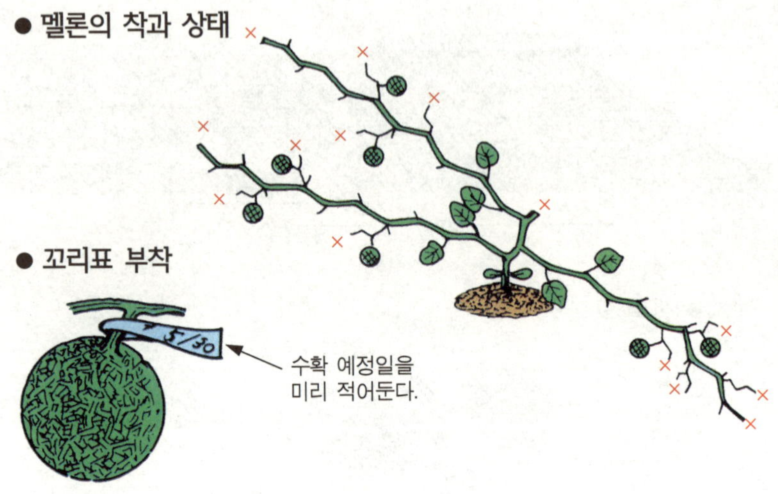

6) 인공수분

벌과 나비 등 매개 곤충이 적은 지방에서는 암꽃에 수꽃의 꽃가루를 바르는 인공수분을 실시한다. 수꽃을 따서 직접 꽃가루를 발라도 좋고, 붓이나 닭의 깃털에 수꽃의 꽃가루를 묻혀서 발라도 좋다.

7) 추비

암꽃이 피었을 때, 과실이 달걀만큼 커졌을 때, 각각 복합비료를 추비로 준다. 주는 방법은 멀칭을 한 골에 주고, 가볍게 흙으로 묻어 주면 된다.

♣ 병충해

어릴 때 진딧물이 잘 끼고, 잎을 갉아먹는 잎마리나방 유충도 발생하므로 살충제로 방제한다.

♣ 수확

개화 후 50일 정도이면 수확할 수 있다. 프린스계 멜론은 한 그루에 4~7개 정도 수확하는 것이 좋고, 그물이 있는 계통은 4~5개 정도를 따는 것이 좋다.

♣ 이용

특유의 향기를 가지며, 즙이 많고 뛰어난 단맛을 갖고 있는데, 이러한 맛을 내려면 과일을 딴 뒤에 좀더 익도록 둔다. 이렇게 하면 세포 속의 프로토펙틴이 분해되어 과육(果肉)이 부드러워지며, 향기도 나게 된다. 먹기에 적당한 때는 꽃이 떨어진 부분이 연해졌을 때이다. 주로 차갑게 해서 날것으로 먹거나, 아이스크림·셔벗·주스 등에도 이용된다.

▲ 잘 익은 멜론

참마

- 발아적온 : 17℃
- 생육적온 : 20~25℃
- 연   작 : 가능
- 용기재배 : 불가
- 난 이 도 : 낮음

월	1	2	3	4	5	6	7	8	9	10	11	12
작업내용	수확			정식 X							수확	

　백합목 마과 덩굴성 여러해살이풀로, 당마·산약이라고도 한다.
　원기둥 모양의 육질 뿌리가 있으며, 줄기는 뿌리에서 나와 길이 2m 정도로 뻗고 다른 물체를 감아 올라간다.
　산지에서 자생하는 야생식물이었으나, 요근래에는 수요가 많아짐에 따라 인공으로 재배하게 되었다.

♣ 재배

1) 심는 장소
　별로 토질을 가리지 않으나, 배수가 잘 되고 양지바른 사질양토가 가장 좋다.

2) 밭 준비

소석회나 고토석회를 밭 전체에 뿌리고, 참마의 뿌리가 뻗어 들어가는 깊이만큼 깊게 밭을 갈아엎어 둔다. 보통 30cm 정도 깊게 갈아야 좋다.

3) 종자

잘 저장된 참마의 감자뿌리를 구입해서 눈을 2~3개 붙여서 자른다. 마치 감자씨를 자를 때와 흡사하게 한다. 자른 종자는 자른 자리를 말린 다음 심는다.

4) 정식

퇴비를 1㎡당 120g 정도 주고, 이랑 폭 90cm, 높이 15cm의 묘상을 만들어 포기 사이를 30cm 정도로 하여 심는다.

심는 시기는 4월 중순에서 5월 상순이 적기이다.

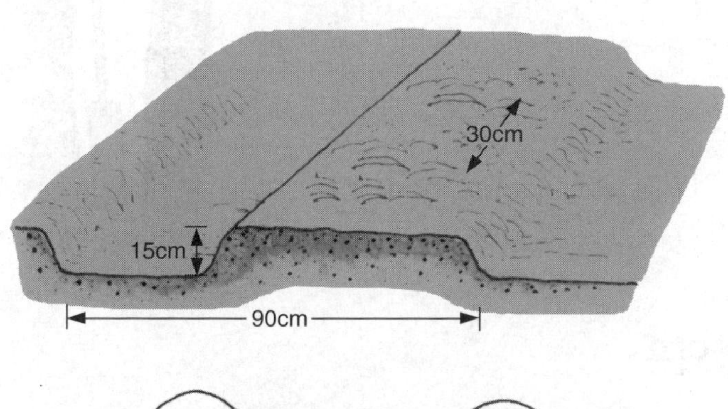

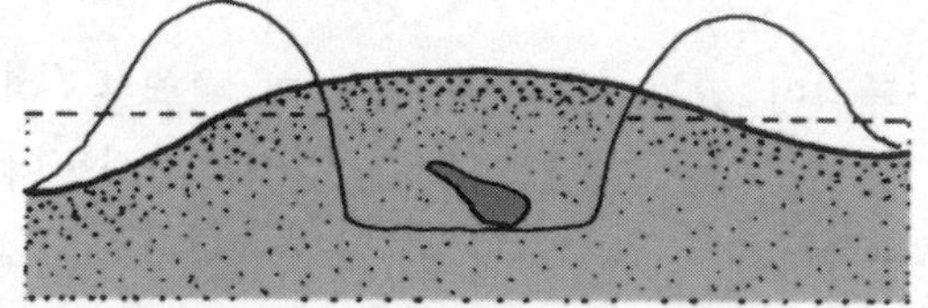

눈이 위를 향하게 심는다.

5) 추비

싹이 나서 덩굴이 뻗어날 때 복합비료를 조금 주고, 7월 하순경 생장이 왕성할 때 또 한 번 추비로 복합비료를 준다.

6) 지주

덩굴줄기가 길게 뻗어 나가므로 지주를 세워 유도하는 것이 유리하다.

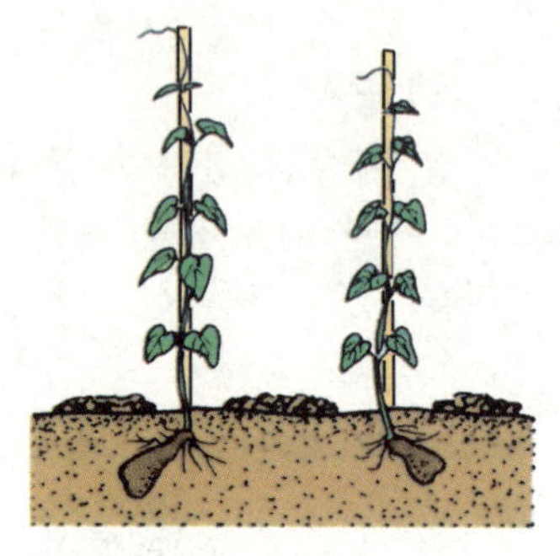

지주를 세우고
줄기를 유도한다.

♣ 병충해

특별한 병충해가 없으며, 건강하게 잘 자란다.

♣ 수확

참마는 추위에 강하므로 서리가 온 다음에 수확해도 별로 손상이 없다. 땅 속에서 월동시키고, 다음해 이른봄에 수확해도 좋다. 그러나 가급적 서리가 내리기 전에 수확해서 저장하는 것이 좋다.

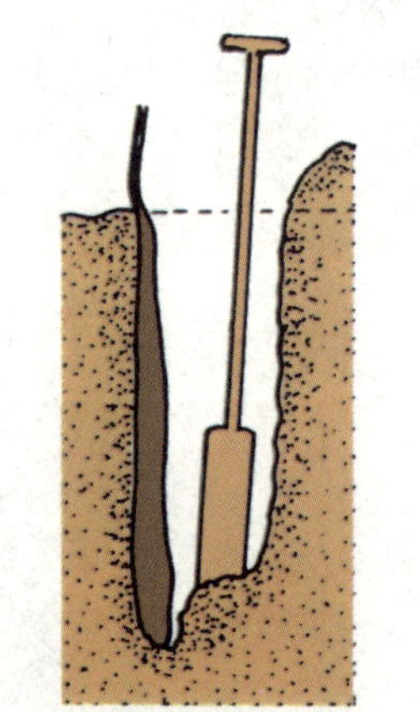

뿌리가 상하지 않게 깊게 판다.

♣ 이용

약방에도 수록되어 있는 생약으로 점액질 단백분·아미노산·만난·지아스타제 등이 포함되어, 자양·강장·지사·야뇨증·침한(沈汗)·허정(虛精) 등에 이용되는 이외에도 신장을 보호하여 당뇨병에도 좋다.

하루 5~10g을 달여서 마시면 좋은 효과가 있다고 한다.

땅콩

- 발아적온 : 25 ~ 30℃
- 생육적온 : 20 ~ 30℃
- 연　　작 : 가능
- 용기재배 : 불가
- 난 이 도 : 낮음

월	1	2	3	4	5	6	7	8	9	10	11	12
작업내용					파종					수확		

　콩과의 한해살이 식물로, 낙화생(落花生)이라고도 한다. 원줄기는 똑바로 약 60cm 높이로 자라는데, 밑둥에서 갈라져 나온 곁줄기는 원줄기보다 더 길게(길이 약 1~1.5m) 땅을 기듯이 비스듬히 자란다.

　땅콩의 원산지는 남아메리카 대륙 볼리비아 남부의 안데스 산맥 동쪽 기슭 지대이며, 이 지대에는 지금도 땅콩의 야생종이 있다.

　연대는 명확치 않으나 유적지에서 발굴한 땅콩만을 근거로 하여 추정한 바에 의하면, 페루에는 B.C. 850년에 땅콩이 전파되었고, 멕시코까지에는 B.C. 200년에 전파된 것이 확실하다. 그리고 신대륙 발견(1492)까지는 남아메리카 전지역과 서인도제도까지 전파되었다.

　한편 동양에는 페루에서 직접 중국으로 전파되었으며, 우리 나라에는 1780년쯤에 중국으로부터 도입된 것으로 추정된다. 또 북아메리카에는 원산지로부터 도입되지 않았고, 16세기쯤에 아프리카로부터 도입된 것으로 알려져 있다.

♣ 재배

1) 가꾸는 장소
양지바르고 배수가 잘 되는 사질양토가 재배의 적지이다.

땅콩은 햇볕이 잘 쬐고 건조하며 기온이 높은 곳의 모래땅이나 푸슬푸슬한 명개흙(흙탕물에서 가라앉은 강변의 검은 흙)에서 잘 재배되며 최적온도는 25~27℃이다. 우리 나라에서는 남한강·낙동강 연안의 모래땅(사질양토)에서 많이 재배되고 있다.

2) 품종
직립성, 반직립성, 땅으로 퍼지는 종류도 있으나, 반직립성의 중립종을 선택하는 하는 것이 가정원예에 유리하다.

영리를 목적으로 대량 재배할 경우에는 보통 콩이 크고 곁줄기가 많은 '버지니아형'이 많이 재배되며, 우리 나라에서는 '서둔땅콩(수원 15호)', '영호땅콩(수원 35호)', '올땅콩(수원 40호)' 등의 품종이 권장되고 있다.

3) 묘상
1㎡당 고토석회 150g, 퇴비 100g, 용성인비 60g을 뿌려 밭을 깊게 갈아두었다가 폭 70cm 정도의 이랑을 만들어서 심는다.

● 이랑

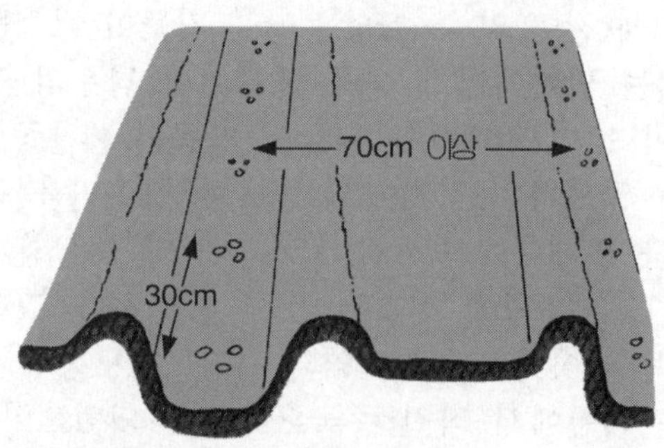

4) 파종

5월 중순경 껍질을 깐 종자를 하룻밤 물에 담가두었다가 반쯤 말려서 파종한다. 이때 껍질을 기계로 까면 종자가 손상을 입기 쉬우므로, 수고스럽더라도 손으로 까는 것이 좋다.

포기 사이는 30cm 정도가 적당하고, 한 곳에 3개 정도를 넣고 4~5cm 정도 복토한다.

● 종자

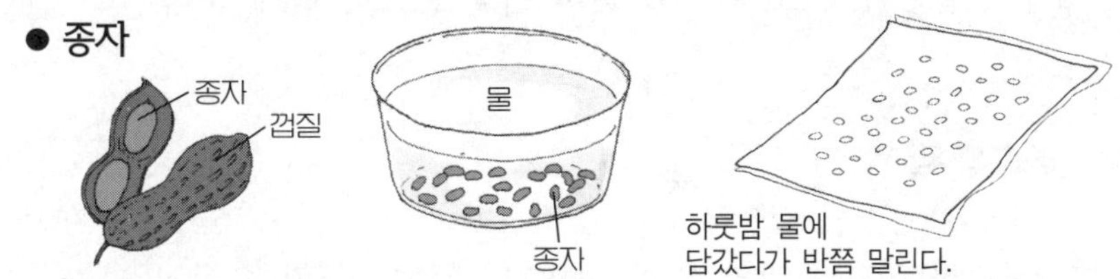

5) 파종 후의 관리

땅콩은 꿩이나 기타 야생조류가 좋아하는 식품이므로, 파종한 종자를 꿩이나 쥐들이 캐 먹는 경우가 있다. 그런 염려가 있는 곳에서는 밭에 망을 덮어서 이를 방지해야 한다.

6) 발아 후의 손질

솎아내지 않고 한 곳에 두 그루를 길러도 좋다. 쥐나 새들이 캐 먹고 싹이 나지 않는 빈 곳에, 본 잎이 2~3장 정도일 때 이식한다.

싹이 돋아난 뒤 2개월 정도 지나면 꽃이 피는데, 이때 포기 주변의 흙을 호미로 일구어 주고 흙 돋우기를 한다. 약 20일 지난 다음 다시 한 번 흙 돋우기를 한다.

● 흙 돋우기

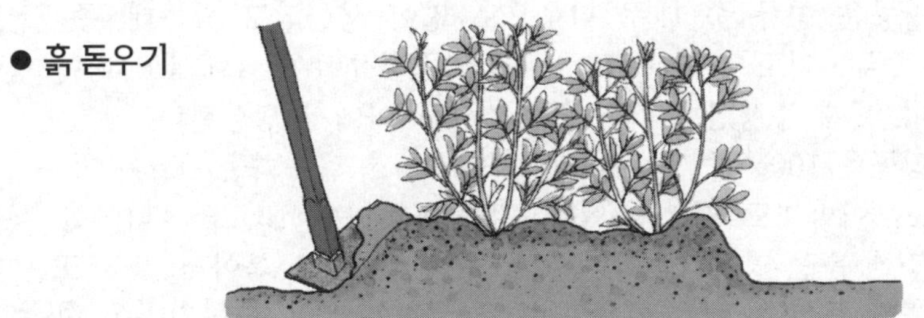

7) 관수와 추비

여름 건조에는 씨방이 뻗어 땅 속으로 들어가기 힘이 들기 때문에, 적당히 물을 주어 이랑에 수분이 충분하도록 한다.

공기 중의 질소를 고정하는 작용을 하므로 추비는 많이 하지 않

아도 좋지만, 본 잎이 5~6장 정도일 때 복합비료를 1㎡당 약 40g
정도 주는 것이 생장에 좋다.

8) 씨방이 뻗는 상태

꽃이 피고 2주일쯤 지나면 씨방이 뻗어 흙 속으로 들어가 껍질을
형성하는데, 이때 씨방이 흙 속으로 쉽게 들어갈 수 있도록 흙을 부
드럽게 일구어 주고, 관수를 해서 흙을 보드랍게 해 준다.

♣ 수확

10월 하순경, 줄기와 잎이 누렇게 단풍이 들면 수확이 가능하다.
포기째 파내면 거꾸로 하여 5~6일 햇볕에 말린 후 처마 밑에 매
달아 준다.

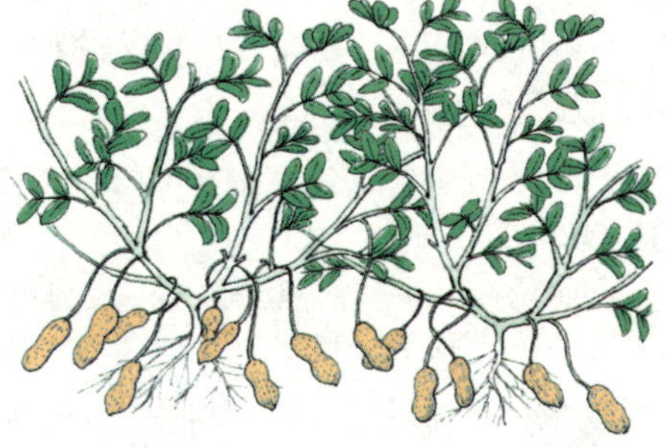

♣ 이용

땅콩은 콩류 중 대두 다음으로 많이 생산되고 있는데, 주생산국
은 중국·인도·미국이고, 아프리카·남유럽 각국에서도 많이 생산
되며, 세계 총생산량의 약 70%가 아시아에서 생산된다.

땅콩은 100g 중 단백질 25g, 지질 47g, 탄수화물 16g이 함유되어
있고, 이밖에도 무기질(특히 칼륨)·비타민 B_1·B_2·니아신 등이
풍부한 우량 영양식품이다. 보통 콩이 큰 것은 볶아서 간식 또는 과
자·빵 등의 재료로 이용하며, 콩이 작은 것은 땅콩기름을 짜는 원
료로 이용된다. 땅콩을 냉각·압착함으로써 얻어지는 땅콩기름은
올레산을 40~60% 함유한 약불건성유(弱不乾性油)로, 냄새도 좋기
때문에 샐러드 기름·튀김 기름·쇼트닝·마가린의 원료로 이용되
고 있다.

염교

- 발아적온 : 25 ~ 30℃
- 생육적온 : 20 ~ 30℃
- 연　작 : 가능
- 용기재배 : 적합
- 난 이 도 : 낮음

월	1	2	3	4	5	6	7	8	9	10	11	12
작업내용								정식 ✕				
						수확						

　백합목 백합과의 여러해살이풀로, '염'이라고도 한다. 비늘줄기는 좁은 달걀꼴이며, 잎이 다발로 난다. 잎은 가늘고 길며, 약 20cm에 단면이 오각형이다.

　건조에 매우 강한 야채로, 모래땅에 거의 물을 주지 않고도 재배할 수 있으며, 나무 그늘에서도 잘 자란다. 생육 기간은 약 10개월 정도로 좀 길지만 별로 잔손질이 가지 않는 작물이다.

　가을에 잎이 마른 비늘줄기에서 50cm 정도의 꽃줄기가 나오고 끝에 아름다운 보라색 작은 꽃이 구형으로 핀다. 그러나 종자는 맺지 않는다. 오래된 비늘줄기에는 몇 개의 새로운 비늘줄기가 생겨서 번식한다. 겨울을 넘기고 초여름에 비늘줄기가 성숙하여 휴면(休眠)에 들어가므로, 이때 캐내어 수확한다.

♣ 재배

1) 가꾸는 장소

특별히 토질과 장소를 가리지 않으므로, 공한지가 있으면 어디라도 재배가 가능하다.

2) 품종

1년 만에 캐는 품종과 2년 만에 캐는 품종이 있다. '구두룡', '낙타', '팔방' 등의 품종이 있다.

● 종자

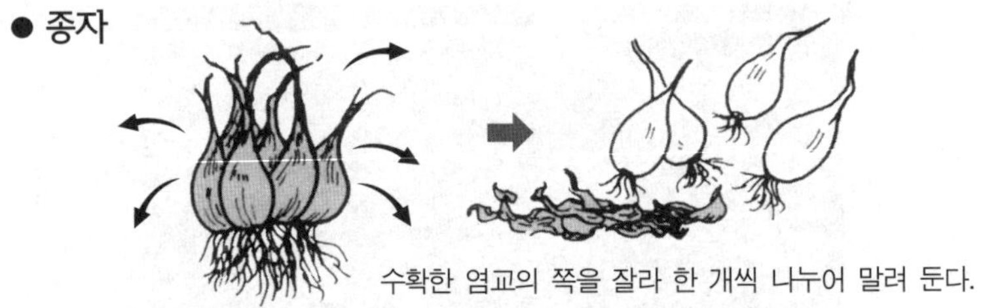

3) 파종

특별히 비료를 줄 필요가 없다. 이랑 간격을 30cm 정도, 포기 사이를 10cm로 하고, 한 곳에 2~3알씩 심고, 5cm 정도로 복토한다.

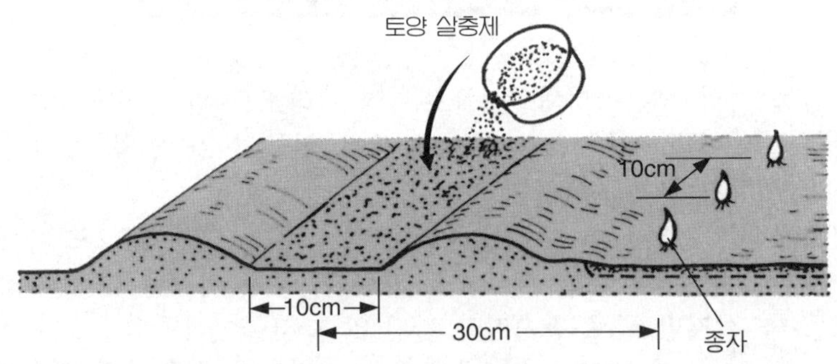

4) 추비

잎의 색을 봐서 녹색이 진해지도록 10월경에 화학비료를 조금 뿌려 준다.

5) 관리

토양 살충제를 뿌려, 뿌리의 해충을 방제한다.

♣ 수확

6월경 구근이 비대해지고 잎이 점차 마르는데, 맑은 날을 택해서 캐내고 흙을 털어 건조한다.

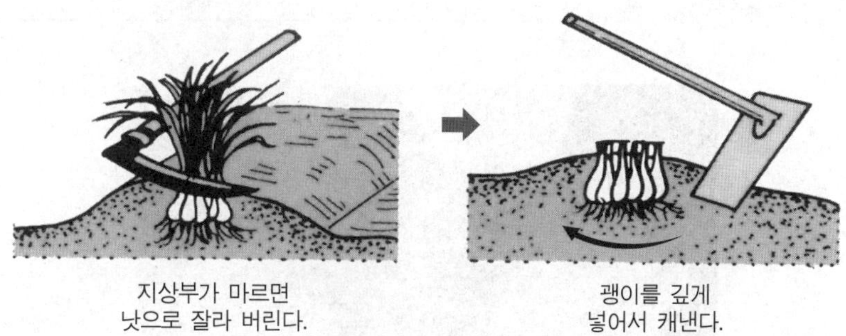

♣ 이용

염교는 수분 86%, 단백질 0.6%, 탄수화물 13%로 영양 가치는 떨어지지만 특유의 향과 매운 맛이 있어 기호식품으로 식용한다. 중국이 원산으로 B.C. 3세기 이전부터 재배되었다.

래디시 

- 발아적온 : 15 ~ 35℃
- 생육적온 : 17 ~ 20℃
- 연　　작 : 가능
- 용기재배 : 적합
- 난 이 도 : 낮음

월	1	2	3	4	5	6	7	8	9	10	11	12
작업내용			파종		수확		파종	수확	파종	수확		

　래디시는 유럽에서 도입된 무의 일종으로 계절이나 품종에 따라 빠른 것은 파종 후 1개월 후에 수확할 수 있기 때문에 '20일 무'란 별명이 있다. 보통 40일 정도를 요하지만, 재배가 매우 쉬운 생식용 야채이다.

　비교적 서늘한 기후를 좋아하고 특별히 까다롭게 토질을 가리지 않으므로, 플랜터나 상자에서 재배하기 쉬운 품종이다.

♣ 재배

1) 가꾸는 장소

가정에서 노지 재배도 가능하지만 테라스나 베란다 등에서 용기 재배도 가능하다. 배양토는 배수가 잘 되는 사질양토가 적당하다.

2) 품종

가장 즐겨 쓰이는 것은 새빨갛고 둥근 모양인 20일 무로 '커메트'와 빨리 굵어지는 '레드포싱'이나 긴 무형인 '아이시클'계 등이다.

3) 묘상

생육이 빠르므로 한꺼번에 많은 면적을 갈면 낭비할 염려가 있으므로, 조금씩 자주 가는 것이 좋다.

1㎡당 피토모스 50g, 화성비료 200g, 용성인비 50g, 고토석회 100g을 넣고, 깊이 30cm 정도로 깊게 갈아둔 다음 폭 1m, 높이 20cm 정도의 묘상을 만들어서 파종한다.

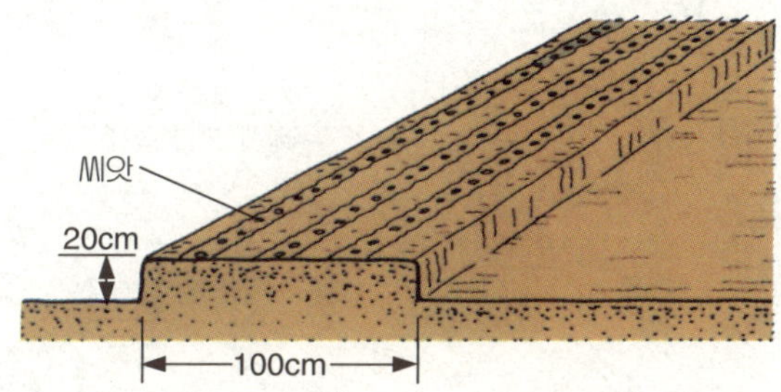

4) 파종

거의 1년 내내 파종할 수 있으나, 재배하기 쉬운 것은 봄 파종(4~5월)과 가을 파종(8~9월)이다.

준비된 묘상 위에 폭 10cm, 깊이 1cm 정도의 골을 3~4개 만들어서 종자를 뿌리고, 종자가 겨우 묻힐 정도로 흙을 얇게 덮어 준다.

5) 발아 후의 손질

발아 후 본 잎이 2장일 때 2~3cm 간격으로, 또한 4~5장일 때는 6~7cm 간격으로 솎아서 무의 성장을 도와준다.

● 솎음

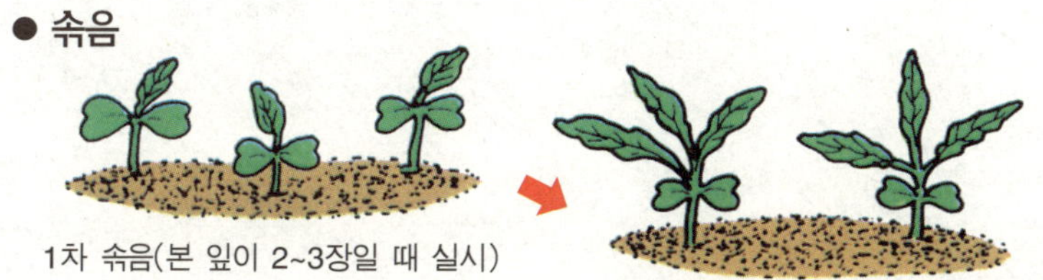

6) 추비와 관수

잎의 색이 진하도록, 성장에 따라 수시로 조금씩 속효성 비료를 준다. 건조하지 않도록 수시로 물을 준다.

● 뿌리의 발달

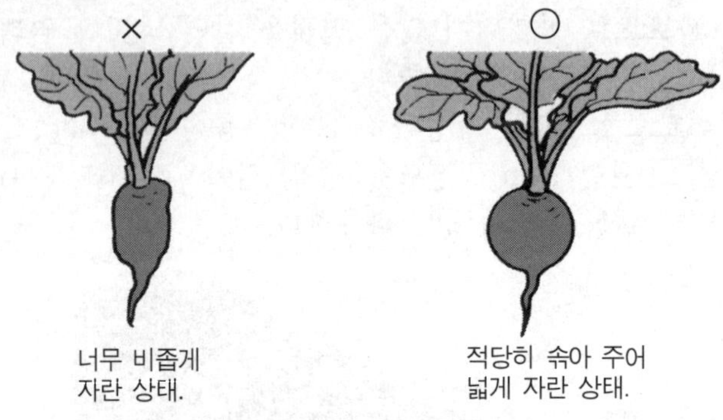

♣ 수확

뿌리의 지름이 2~3cm 정도 되었을 때 순차적으로 솎으면서 수확한다. 수확이 늦으면 뿌리가 갈라지거나 품종이 손상된다.

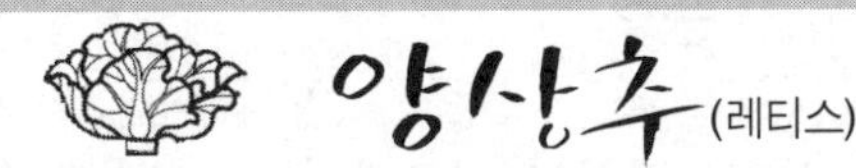

양상추 (레티스)

- 발아적온 : 15 ~ 20℃
- 생육적온 : 15 ~ 20℃
- 연　　작 : 불가(2년)
- 용기재배 : 가능
- 난 이 도 : 보통

월	1	2	3	4	5	6	7	8	9	10	11	12
작업내용			파종●—X——— 　　　정식			수확		파종●——X— 　　　정식			수확	

　　서늘한 기후를 좋아하며, 여름 더위에 약하고, 특히 결구한 상태에서 더위가 계속되면 부패될 염려가 있으므로, 여름 생산은 고랭지에서만 할 수 있다. 또한 여름의 오랜 일조량과 고온으로 장다리가 나오기 쉽기 때문에 파종 시기를 잘못 택하면 좋은 채소를 얻을 수 없다.

♣ 재배

1) 가꾸는 장소
여름 기온이 서늘한 고랭지가 적지이다.

2) 품종

주로 결구 품종인 양상추를 많이 재배하는데, 조생종인 '올림피아', '벤레이크', '그레이트 레이크 54호' 등이 일반적으로 선호하는 품종이다.

3) 심을 밭 준비

산성에 약하므로 심을 밭에는 미리 석회를 뿌려서 토양의 산도를 교정해 둔다. 그리고 이랑 사이 50cm, 깊이 15cm 정도의 골을 파서 퇴비와 깻묵, 복합비료를 넣고 이랑을 만들어 놓는다.

4) 파종

초여름에 수확할 것은 3월 중순경에, 가을에 수확할 것은 8월 중순경에, 봄에 수확할 것은 11월경에 모두 터널 안에서 육묘상자에 파종을 한다.

종자가 아주 작으므로 흙을 보드랍게 해서 7~8cm 간격으로 줄뿌리기를 한다. 복토는 종자가 겨우 감추어질 정도로 얕게 하며, 발아 후에는 밀생한 대를 솎아서 본 잎이 2장이 될 때 하우스 안에서 1차 이식한다.

5) 정식

본 잎이 4~5장일 때, 밭에 포기 사이를 30cm 정도로 하여 정식한다.

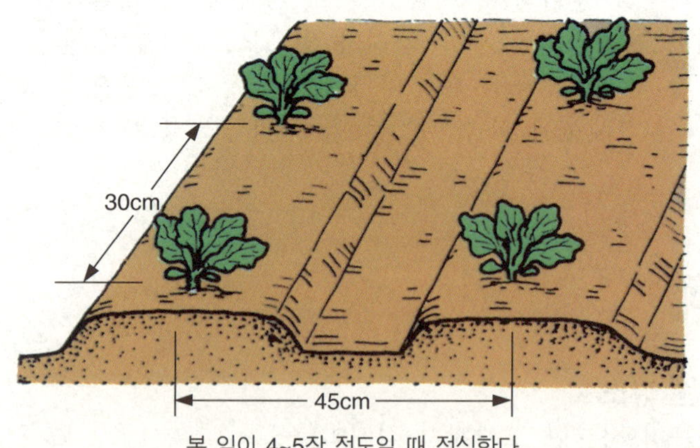

본 잎이 4~5장 정도일 때 정식한다.

6) 정식 후의 관리

정식 후 약 2주일 후에 1차 흙 돋우기를 하고, 그 뒤 2주일이 지나면 또 한 번 흙 돋우기를 한다. 그때 복합비료를 조금 뿌려서 초세를 강하게 한다.

● 중경

정식 후 2주일 간격으로 추비와 흙 돋우기를 한다.

♣ 수확

손으로 눌러 보아서 결구가 단단하면 칼로 잘라서 수확한다.

당파 

- 발아적온 : 15 ~ 20℃
- 생육적온 : 15 ~ 20℃
- 연　　작 : 가능
- 용기재배 : 적합
- 난 이 도 : 낮음

월	1	2	3	4	5	6	7	8	9	10	11	12
작업내용			정식 X———————————						수확			

　중근동 지방이 원산인 당파는 파의 한 변종이다. 우리 나라에는 약 1,500여 년 전에 들어온 오래된 야채이다. 3~5월, 파가 없을 때 수확하여 많이 이용된다. 꽃이 피지 않으므로 씨앗이 없고, 포기 나누기로 번식한다.

♣ 재배

1) 가꾸는 장소
　특별히 가리지 않으나, 배수가 잘 되는 사질양토에서 품질이 좋은 당파가 생산된다.

2) 품종

포기 나누기로 번식하므로 특별한 품종은 없고, 조생종과 만생종이 있을 따름이다.

3) 심을 밭 준비

햇빛이 잘 드는 장소를 골라, 밑거름으로 1㎡당 피토모스 5l, 복합비료 100g, 용성인비 50g, 고토석회 100g을 뿌리고, 깊이 30cm까지 깊게 갈아엎어 둔다.

그리고 심기 직전에 폭 1m, 높이 15cm의 묘상을 만든다.

● 정식

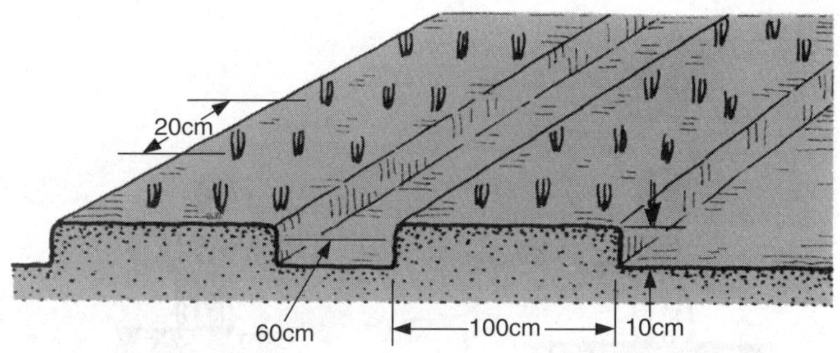

4) 씨 심기

8월 초순에 씨를 2~3쪽씩 나누어 20cm 간격으로 심는데, 종구는 반드시 반나절 정도 햇볕을 쪼이고 외피를 벗겨서 심도록 한다. 육질이 두꺼운 것이나 병해가 있는 것은 골라낸다. 심는 깊이는 꼭지눈이 약간 보일 정도로 얕게 심는 것이 적당하다.

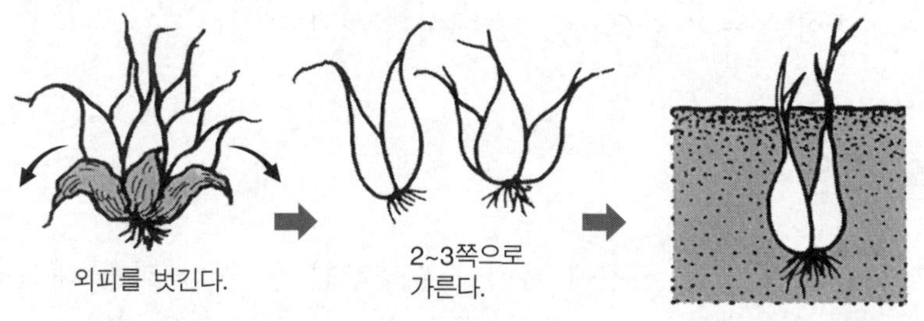

5) 발아 후의 손질

7월 하순에 싹이 돋아나게 되는데, 마르지 않도록 물을 주고, 키가 20cm 정도 자라면 속효성 비료를 1㎡당 20g 정도 주고 흙 돋우기를 약간 해 준다.

♣ 수확

10월 중순쯤 되면 수확을 할 수가 있다. 키가 크고 포기가 충실한 것부터 차례로 수확한다.

캐지 않고 뿌리 가까이에서 자르면 싹이 돋아난다.

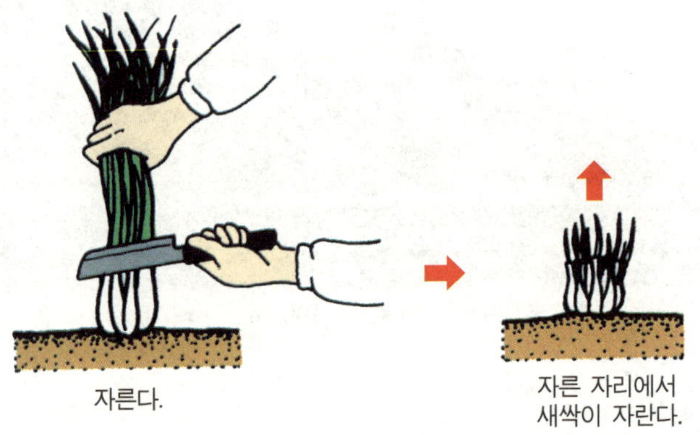

♣ 구근 파내기

5월 초순에서 중순이 되면 잎이 누렇게 시들고 마르기 때문에, 이때는 파내어 통풍이 잘 되는 그늘에서 말려 보관한다.

♣ 이용

초봄에 파가 귀한 시기에 국이나 식초무침 등 기타 파를 대신하는 요리에 이용한다.

쑥갓

- 발아적온 : 15 ~ 20℃
- 생육적온 : 15 ~ 20℃
- 연　　작 : 가능
- 용기재배 : 적합
- 난 이 도 : 보통

월	1	2	3	4	5	6	7	8	9	10	11	12
작업내용							파종					
							수확					

　국화과의 한해살이풀로, 키가 약 1.5m 정도까지 자라며, 지중해 연안이 원산지인 채소로 오래 전부터 재배되었다. 잎은 2회 깃꼴로 깊게 갈라지며, 잎자루가 없고 줄기를 감싸듯이 달리며 어긋난다. 풀 전체에 향기가 있고, 봄의 어린 순이나 잎을 식용한다. 고대에 지중해 연안에서 중국으로 전해졌으며, 중국에서 우리 나라로 전래 되었을 것이라고 추정된다. 현재 쑥갓을 재배하고 있는 나라는 한 국·일본·중국·필리핀·타이·인도·자바 등으로 동양의 독특한 채소이다. 서늘한 기후를 좋아하고 병충해에 강하며, 여름 더위와 겨울 추위도 잘 견디어낸다.

♣ 재배

1) 가꾸는 장소

배수가 잘 되는 곳이라면 별로 흙을 가릴 필요가 없다. 만일 배수가 잘 되지 않는 곳이라면 이랑을 높게 만들어 주면 된다.

2) 심을 밭 준비

파종 약 10일 전에 1㎡당 피토모스 10*l*, 복합비료 150g, 고토석회 100g을 뿌리고, 깊이가 약 30cm되도록 깊게 갈아둔다. 그리고 파종 직전에 폭 1m, 높이 15cm 정도의 묘상을 만들어서 파종하도록 한다.

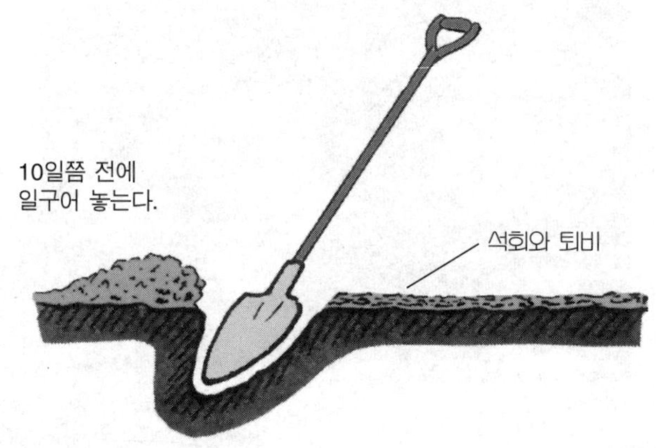

3) 품종

대엽종, 중엽종이 있는데, 톱니가 깊은 '중엽 쑥갓'이 주로 재배되고 있다. 그러나 성질은 모두 비슷하다.

4) 파종

씨앗을 뿌리기 전에 물에 담가두면 발아율이 높아진다. 파종 시기는 4월에서 10월까지 언제든지 파종할 수 있으므로, 여러 번 순차로 뿌리면 장기간에 걸쳐서 계속 수확할 수 있다. 4~5월 파종으로 30~40일이면 수확할 수 있고, 8~9월 파종으로 50일 전후면 수확 할 수 있다. 씨는 줄뿌리기를 한다.

뜰이나 베란다에선 약간 깊은 상자에 파종해도 충분히 키울 수 있다. 복토는 씨앗을 숨길 정도로 얇게 덮는다. 병이 많이 발생하는 고온기에는 버미큘라이트(질석)나 피토모스를 복토하면 높은 효과가 있다.

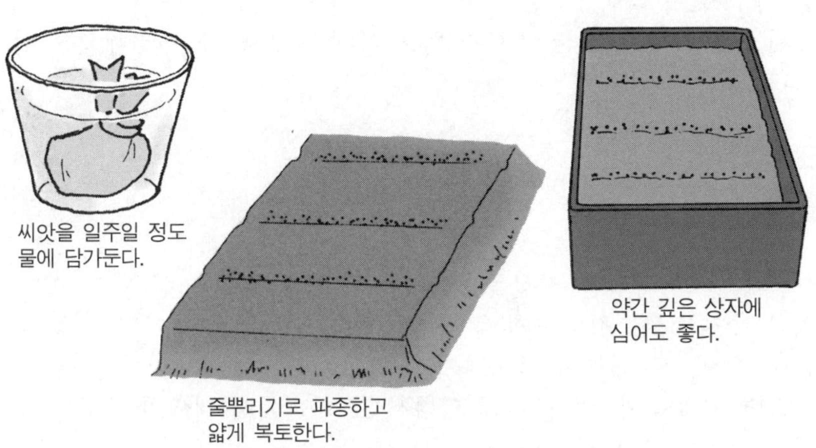

5) 발아 후의 손질

발아 후에는 잎이 서로 닿을 정도의 간격으로 솎아내는데, 본 잎이 1~2장일 때와 5~6장일 때 두 번 솎아 주거나, 더 자주 솎아 주면서 육묘하는 것이 좋다. 그렇게 하여 최종적으로 포기 사이가 15~20cm 정도가 되게 한다.

● 발아 후 솎아내는 법

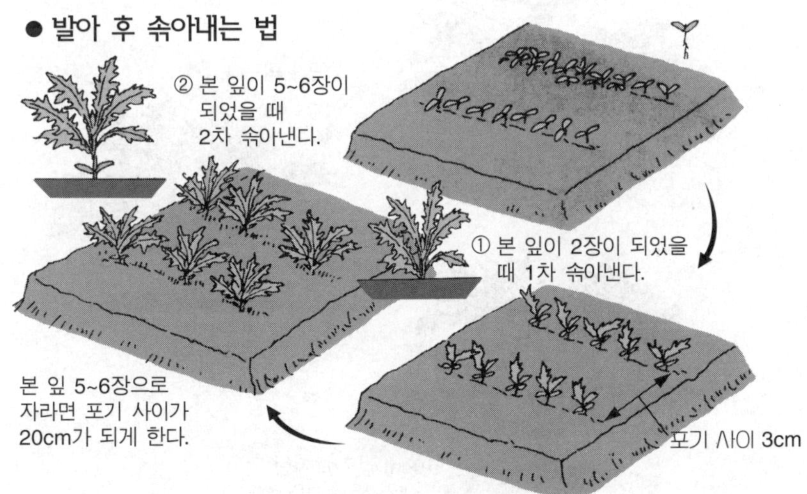

6) 추비

발아 후 키가 10cm될 때까지 2회 정도 주도록 한다. 포기 사이에 약간의 화학비료를 뿌려 주면 된다. 잘 자라지 않을 때는 물에 액비를 아주 엷게 타서 1주일에 한 번 물 주기를 겸해서 준다.

건조에 약하므로, 늘 마르지 않도록 물 주기를 게을리 해서는 안 된다.

♣ 수확

봄에 심은 쑥갓은 적심을 하면 아주 연한 새순을 얻을 수 있다. 키가 12~13cm 정도 자랐을 때 본 잎을 5장 정도 남기고 순을 자른다. 얼마 후 곁눈이 돋아나기 시작하는데, 이때 새잎이 10cm쯤 자라면 수확할 수 있다. 그리고 다시 그 자리에서 새싹이 돋아나 수시로 수확할 수 있다.

쑥갓은 포기 수를 많이 할 필요가 없다. 빈 터의 일부를 이용하거나 플랜터 등의 용기 재배로도 상당한 수확을 할 수 있다.

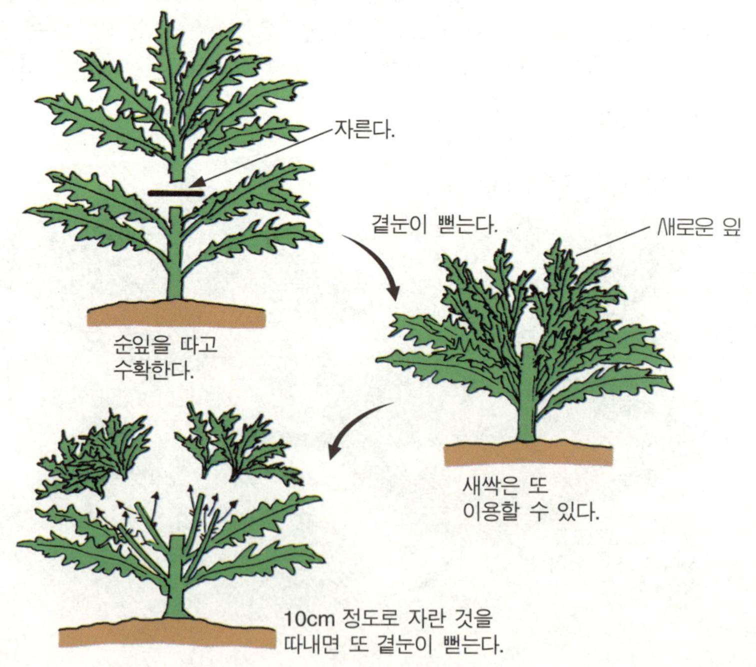

♣ 이용

　산뜻한 요리에 없어서는 안 될 중요한 채소이다. 향기를 즐길 때는 가볍게 데쳐서 무침을 해도 좋다. 야채튀김의 일종으로 많이 쓰이며, 특히 생선회와 함께 먹으면 그 맛이 일품이다. 저온으로 튀기면 푸른 색을 유지하여 싱싱해 보이고, 180℃ 이상으로 튀기면 갈색이 되어 볼품이 없다.

　쑥갓에는 홍당무에 많은 카로틴이 많이 함유되어 있다. 비타민 C도 많으며, 필수 아미노산인 리신을 다량으로 함유하고 있으며, 또 미네랄로서는 칼슘도 함유하고 있는 영양가 높은 야채이다. 위장병이나 신경증에도 좋다고 한다.

▲ 월동 중인 쑥갓

근대 

- 발아적온 : 20 ~ 30℃
- 생육적온 : 15 ~ 30℃
- 연 작 : 가능
- 용기재배 : 가능
- 난 이 도 : 보통

월	1	2	3	4	5	6	7	8	9	10	11	12
작업내용			파종			수확						
					파종			수확				
								파종	수확			

　명아주과의 식용식물로 유럽이 원산이며, 2년생 채소로 일명 '당(唐)상추' 라는 말이 있듯이 중국에서 건너왔다. 병충해에 강하고 일년 내내 재배할 수 있는 야채이다.

　새잎이 계속 돋아나기 때문에 가정원예로 알맞다.

♣ 재배

1) 가꾸는 장소

특별히 흙을 가리지 않으나 산성 토양에 약하므로, 파종 2주일 전에 고토석회를 충분히 뿌려 토양의 산도(酸度)를 교정하고, 1주일 전에 퇴비를 넣고 잘 갈아엎는다.

　건조에도 강하고 더위나 추위에도 잘 견디는 습성이 있다. 거의 1년 내내 파종할 수 있기 때문에 속칭 '철없는 채소'라고 표현하는 지방도 있다.

2) 파종

　4월 하순, 7월, 8월 등이 파종의 적기이다. 씨앗을 노지에 직접 뿌리면 되지만, 조금 드물게 뿌리는 것이 좋다. 가정원예에서는 묘상을 나무상자로 만들면 된다.

● 파종 방법

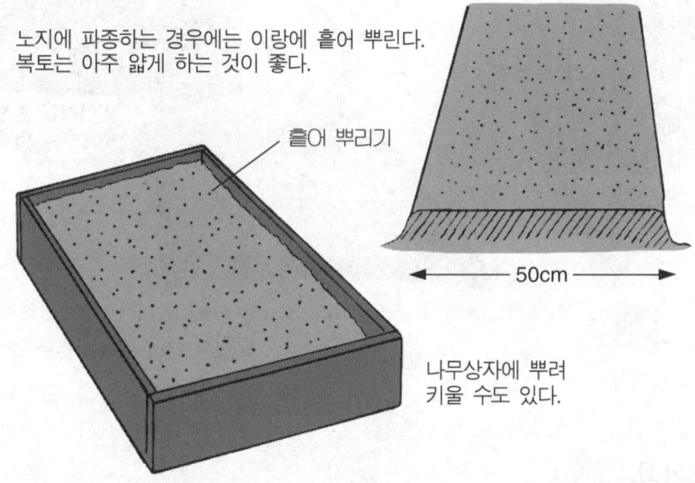

3) 발아 후의 손질

　싹이 돋아나면 특히 촘촘한 부분을 솎아내고, 본 잎이 3~4장 될 때까지 키운다. 정식(定植)은 포기 사이를 20cm 정도로 하는 것이 적당하다. 건조하지 않게 물을 충분히 주는 것이 재배의 요령이다.

4) 추비

　잘 자라지만 생육 중에는 화학비료 또는 액비를 솎아낼 때마다 주면 생장도 빠르고, 부드러운 잎줄기를 수확할 수 있다.

♣ 수확

키가 20cm가량 되면 어제든지 수확할 수 있다. 아래쪽 잎부터
차례로 따내면 연이어 새잎이 자란다.
봄 파종은 6월 하순부터, 여름 파종은 9월 하순부터, 가을 파종은
10월에 수확할 수 있으므로 이용하기에 매우 편리하다.

● 심기와 수확하는 방법

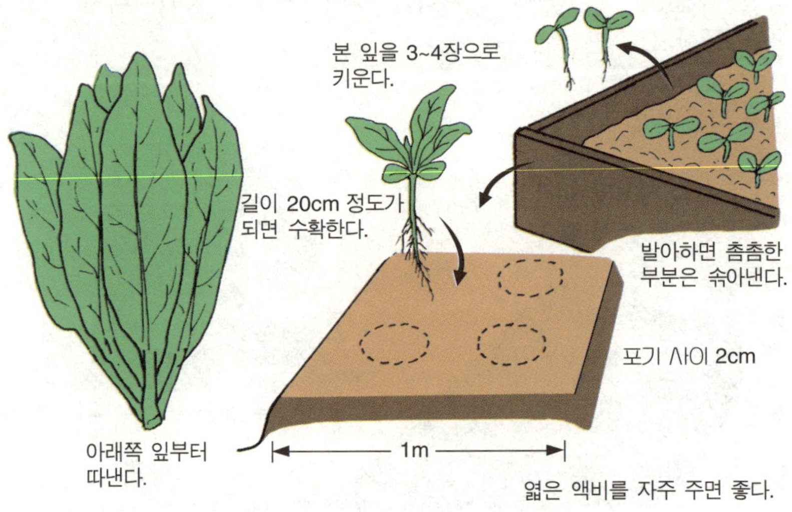

♣ 이용

약간 흙내음이 있는 듯하므로 기름에 볶거나 무쳐 먹는 것이 좋
으며, 국거리로 제일 많이 이용한다.
특히 근대국은 위나 장이 나쁜 사람에게 효과가 있어, 식이요법
용으로 쓰이기도 한다.

- 발아적온 : 16 ~ 35℃
- 생육적온 : 30 ~ 35℃
- 연　　작 : 불가
- 용기재배 : 부적합
- 난 이 도 : 높음

월	1	2	3	4	5	6	7	8	9	10	11	12
작업내용				정식 X————————								

　　박과의 한해살이 덩굴식물로 덩굴에는 거친 털이 있으며, 단면은 마름모꼴이고 길이는 7m 정도이다. 열대 아프리카가 원산이며, 이집트에서는 4000년 전부터 재배되었던 아주 오랜 역사를 가진 열매채소이다. 여름에 목을 시원하게 해 주는 야채로서 널리 식용하고 있다.

♣ 재배

1) 가꾸는 장소
고온과 건조를 좋아하므로 양지바른 곳에서 재배해야 한다. 비가

많이 오는 해는 착과도 나쁘고 단맛도 적은 과실이 생겨난다. 산성 토양에도 비교적 강하고, 토질도 그다지 가리지 않으나 배수가 나쁜 장소에서는 장마철에 습해를 받아 전멸하는 수도 있으므로, 묘상을 높게 하고 골을 깊게 파는 것이 좋다.

2) 품종

우리 나라에서 재배되는 품종은 대략 둥근 모양인데, 긴 타원형 모양의 품종도 있다. 열매 껍질의 색깔도 짙은 녹색에서 녹색·노랑·흰색 등이고, 세로줄무늬 모양도 굵은 검정에서 가늘고 엷은 색에 이르기까지 각양각색이며, 이러한 것들이 품종의 특징이 되고 있다. 열매 살의 색깔도 빨강·노랑 외에 진홍·귤색·흰색 등이 있다.

현재 주된 재배 품종으로는 '신대화 3호'를 중심으로 한 대화계 품종간의 1대 잡종들로 열매 살은 선홍색이고, 열매 껍질에 호랑무늬가 있다.

3) 파종

봄에 비닐 하우스 안에서 파종하고 육묘하는데, 모종은 종구라기 박이나 호박의 작은 모종에 접목시켜서 키운다. 이것은 뿌리에서 시작하여 줄기 부분이 갈라지고 진이 나와 시들거리다가 죽는 덩굴만활병(쪼김병)을 방지하기 위해서이다.

● 묘의 구입

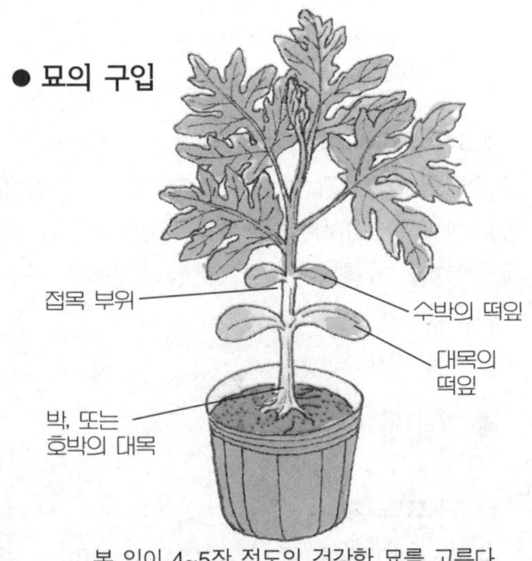

본 잎이 4~5장 정도의 건강한 묘를 고른다.

노지에 직파하는 경우는 5월 초순에 뿌린다. 씨앗을 한 군데에 4
~5알씩 뿌린다.

4) 발아 후의 관리

싹이 가지런히 돋아났을 때 생육이 좋은 것을 골라 박이나 호박
대목에 접을 붙이는데, 이는 고도의 기술을 필요로 한다. 그러므로
가정원예를 하는 사람은 종묘상에서 묘를 구입하는 것이 좋다.

5) 정식

5월 상순이 되면 종묘상에 묘가 출하된다. 이것을 구입해서 심는
데, 우선 뿌리흙에 물을 흠뻑 주어 흙이 떨어지지 않게 공을 들여서
심는다. 덩굴이 길게 뻗어 나가므로, 이랑 사이 약 2m, 포기 사이
1m 정도로 심는다.

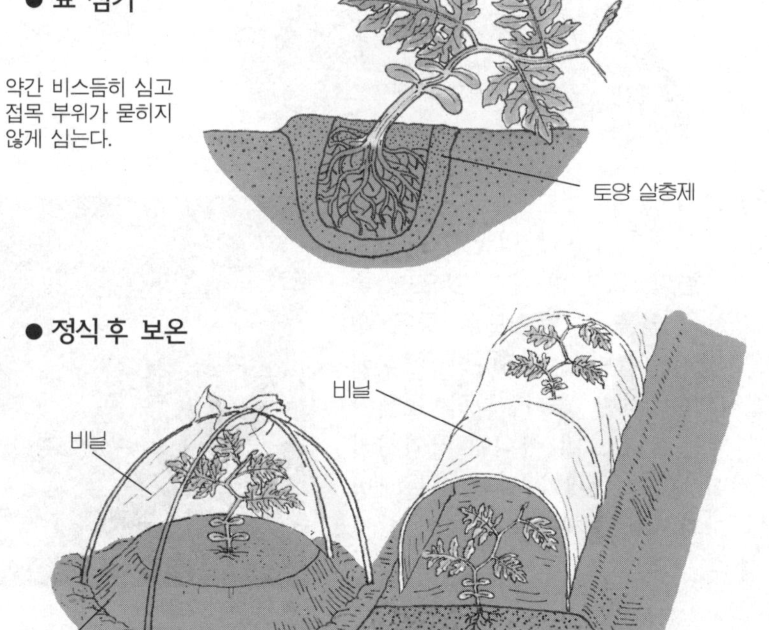

6) 비료 주는 법

밭이랑을 만들 때 퇴비와 화학비료를 주어 깊게 갈아두고, 묘를

심을 때 구덩이에 다시 화학비료를 밑거름으로 준다. 생육 중에도 포기 사이에 3회 정도 화학비료나 액비를 웃거름으로 준다.

7) 덩굴 다듬기

덩굴끼리 엉켜 혼잡해지면 관리도 되지 않고 초세만 강하여 좋은 결실이 되지 않으므로, 어미덩굴을 뻗게 하고 새끼덩굴은 먼저 뻗어간 두 개만 남기고 나머지는 모두 따 버린다. 또 포기와 포기의 덩굴끼리 겹쳐지지 않도록 좀 일찍 유인하고 U자 모양으로 유인하는 것도 좋다.

● 덩굴 유인

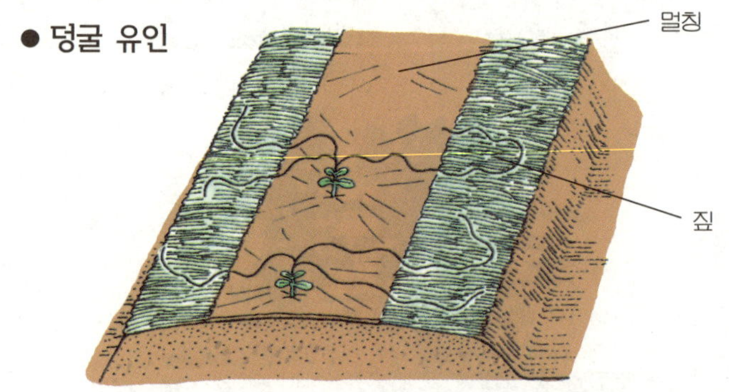

8) 결과 습성

암꽃은 최초의 아들덩굴 7~8마디에 착과한다. 착과 마디가 짧으면 좋은 과실을 얻을 수 없으므로, 좋은 수박을 얻기 위해서는 15마디 이후에 결실시키는 것이 좋다. 특히 초세가 약할 때는 20~21번 마디에 착과시키는 것이 좋고, 초세가 강할 때는 1번 꽃에 착과시켜 초세를 안정시키는 것이 좋다.

▲ 수박의 암꽃

9) 인공수분

착과를 확실히 하기 위해 인공수분을 실시한다. 방법은 꽃잎을 따낸 수꽃을 아침 일찍 암꽃 머리에 가볍게 두드리듯 하여, 수꽃의 화분을 암꽃 주두(柱頭)에 발라 주면 된다. 날씨가 좋을 때는 아침

9시경, 흐릴 때는 9시가 지나지 않으면 꽃가루가 나오지 않는다.

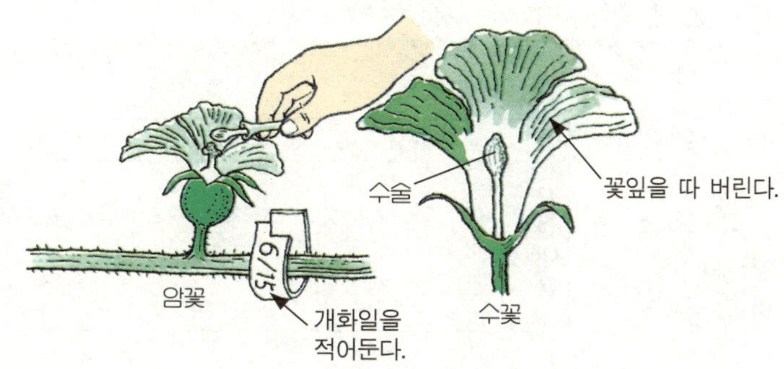

♣ 수확

개화 후 30~40일이 수확기이다. 수박의 광택이 엷어지고, 손바닥으로 두들겨 보아 목쉰 소리가 나면 수확할 수 있다.

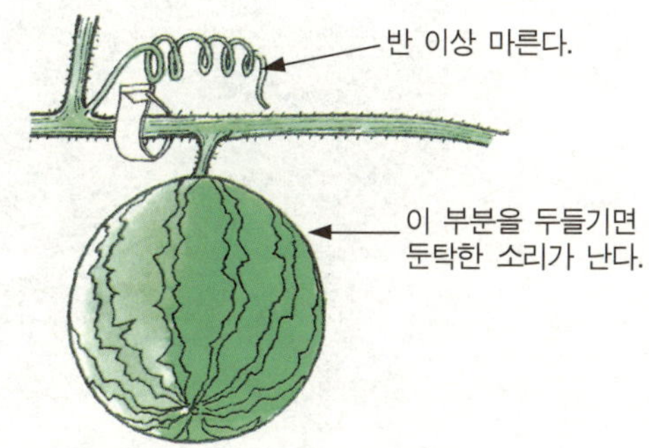

♣ 영양

수박의 열매는 대부분이 수분(91%)이고, 탄수화물이 8% 함유되어 있다. 여름철에 잘 어울리는 열매 채소이다. 먹을 수 있는 부분 100g 중 붉은 열매 살에는 380μg, 황육종에는 10μg의 카로틴이 함유되어 있고, 비타민 B_1·B_2가 각각 0.03mg 함유되어 있다. 또한 시트룰린이라고 하는 아미노산을 함유하고 있어 이뇨효과가 높고, 신장염에도 좋다고 한다. 열매 즙을 바짝 졸여서 엿처럼 만든 수박당은 약으로도 쓰인다.

종자는 뽑아서 소금기를 가하고, 종피를 벗겨 배(胚)를 먹는데, 먹을 수 있는 부분 100g 중 단백질 30.1g, 지질 46.4g, 칼슘 70mg, 인 620mg, 철 5.3mg, 카로딘 16μg 외에 비타민 B_1·B_2, 니아신 등이 함유되어 있어 영양가가 높은 식품이다.

청경채

- 발아적온 : 20 ~ 30℃
- 생육적온 : 10 ~ 25℃
- 연　　작 : 불가(2~3년)
- 용기재배 : 적합
- 난 이 도 : 낮음

월	1	2	3	4	5	6	7	8	9	10	11	12
작업내용				정식 X ── ● ── 파종 수확 (봄 재배)								

　　최근에 많이 유행하는 중국 원산의 야채이다. 일명 '소배추'라는 명칭과 같이 배추와 비슷한 소채류로 봄부터 여름에 걸쳐 재배할 수 있어 편리하다.

♣ 재배

1) 가꾸는 장소
　　어디서나 재배할 수 있는 야채이며, 잘 자라고 병도 별로 없다. 노지 재배 또는 상자 재배 등을 이용해도 좋다.

2) 파종 방법
　　봄 파종은 4월 하순에 뿌리고 5월 하순에 옮겨 심으며, 가을 파종은 9월 하순에 심는다.

씨앗은 하룻밤 동안 미지근한 물에 담갔다가 물을 빼 주고 약간 싹이 튼 것을 뿌린다. 흩어 뿌리기 또는 줄뿌리기를 한다.

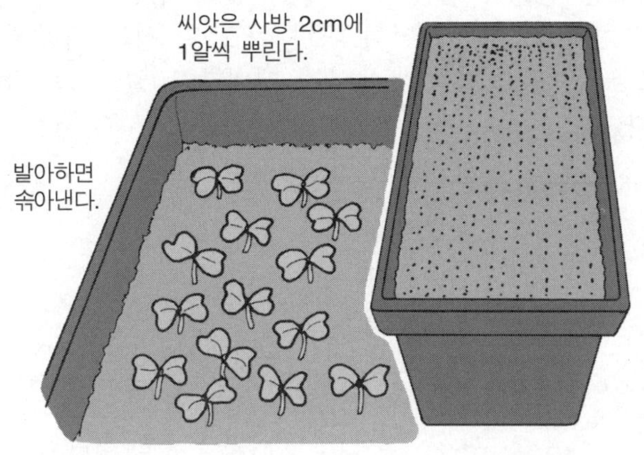

3) 발아 후의 손질

싹이 돋아나면 잎과 잎이 서로 닿지 않을 정도로 솎아내고, 본 잎이 5~6장이 되었을 때, 포기 사이를 10~15cm로 해서 기른다.

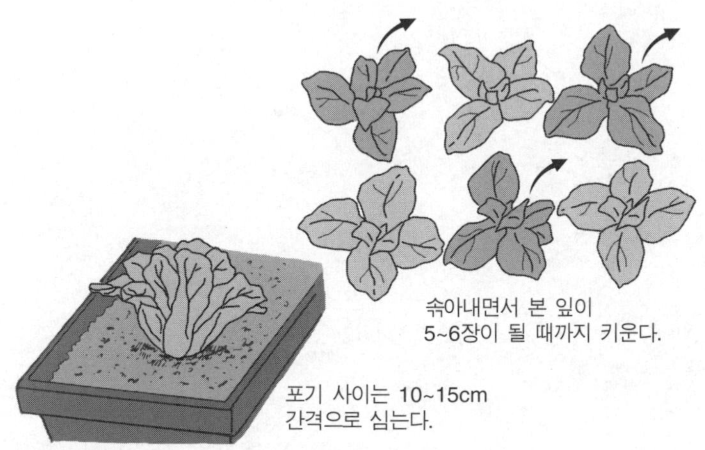

4) 비료 주기

밑거름으로는 화학비료를 준다. 노지 재배에서는 깊이 15cm 정도 흙을 일구어 놓는다. 용기 재배의 경우에는 적옥토 8에 부엽토 2 정도의 배양토를 만들어 심는 것이 좋다. 옮겨 심은 뒤에는 웃거름을 주어야 하는데, 뿌리가 온전히 내린 뒤 20일 정도 되었을 때 화학비료를 조금 준다. 용기 재배에서는 액비를 10일에 1회 정도 묽게 해서 준다.

♣ 수확

솎아낸 묘도 국거리 등에 이용한다. 본격적인 수확은 6월 하순에서 7월 중순경이다. 가을 파종인 경우는 11월 상순부터 수확이 시작된다.

♣ 이용

데쳐서 이용하는 경우에는 센 불에서 살짝 데쳐내면 푸르름이 유지된다.

고추

- 발아적온 : 28 ~ 30℃
- 생육적온 : 25 ~ 30℃
- 연　　작 : 불가(2~3년)
- 용기재배 : 가능
- 난 이 도 : 낮음

월	1	2	3	4	5	6	7	8	9	10	11	12
작업내용				정식 X				수확				

　　가지과 초본식물로 우리 나라에서는 한해살이풀이자만 열대지방에서는 다년생 풀이다. 고초(苦草)·번초(番草)·남만초(南蠻草)·남초(南椒)·당초(唐草)·왜초(倭草) 등으로도 불린다. 줄기 높이는 60cm에 달하며, 잎은 어긋나고 달걀 형태의 피침형이며, 양끝이 좁고 가장자리가 밋밋하다. 꽃은 흰색으로 여름에 피며, 중부 아메리카가 원산지인 고추는 우리 나라에 17세기 초엽에 전래된 식품이다. 《지봉유설》에 고추가 일본에서 전래되어 왜겨자[倭芥子]라고 한다는 기록이 있는 것으로 보아, 일본을 거쳐 우리 나라에 전해진 것으로 추측된다.

♣ 재배

1) 가꾸는 장소
여름에 너무 건조하지 않는 곳이라면 토질을 가리지 않고 잘 자란다. 뿌리가 얕게 퍼지는 성질이 있으므로 플랜터 등에서도 재배할 수 있다.

2) 품종
고추는 서로 다른 품종이 바람에 의한 수정으로 쉽게 교잡종을 만들기 때문에, 전세계로 전파되는 가운데 수많은 품종이 생겨났다. 우리 나라의 농가에서도 품종이 약 100여 종에 이르고 있다. 이것들은 주로 산지의 명칭을 따서 '영양', '천안', '음성', '청송', '임실', '제천', '제주', '정선', '장단', '연천', '진안', '무주', '금산', '강경', '보은' 고추 등으로 불리는데, 각기 특색을 가지고 있다.

1953년경부터 원예시험장에서 전국 고추 품종의 계통을 세우고 우수한 품종을 선발하여 육성하는 데 힘을 기울이게 되었다. 오늘날에는 외국의 우수 품종을 도입하여 매우 많은 일대 잡종을 육성하여 시판하고 있다. 시장에서는 이들 개량종 고추를 통틀어 호고추라고 하는데, 이것은 생육 초기에는 매운 맛이 적어서 채소용으로 알맞고, 생육 말기에는 매운 맛이 약간 늘어나서 건과용(乾果用)이 된다. 이것은 열매가 붉고 굵으며 껍질이 두껍고 씨가 적어서 가루가 많이 나는 이점이 있다. 이에 비하여 재래종 건고추는 과피가 얇고 매운 맛이 강하며 고유의 독특한 맛을 지니고 있는데, 이를 '조선고추'라고도 한다.

3) 묘 심는 법
묘를 심기 약 한 달 전에 밭 전체에 석회를 고루 뿌리고 밭을 일구어 둔다. 3주일 전에 퇴비를 뿌리고 잘 섞어 놓는다. 모종은 시장에 나가서 믿을 수 있는 사람에게서 사는 것이 집에

▲ 고추 모종

서 육묘하는 것보다 편리하다. 포기 사이를 45cm 정도로 넓게 심고, 넘어지지 않게 지주를 세워 준다.

아래 부분의 곁눈을 따서 키를 높게 키우는 것이 좋다.

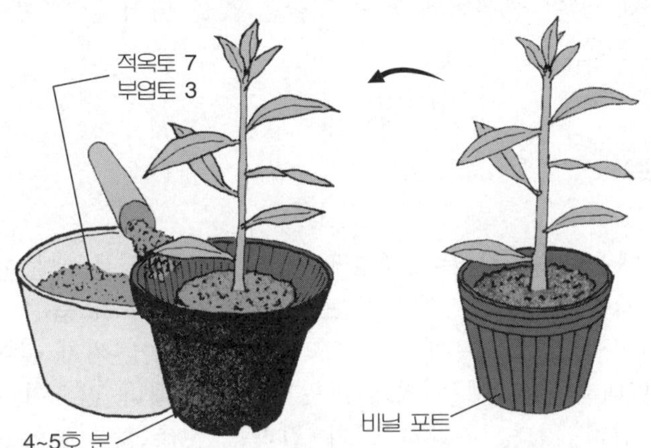

한 둘레 큰 화분으로 옮겨 심는다.

4) 추비

수확하는 기간이 길기 때문에 그 사이에 웃거름을 줘야 한다. 1개월에 1회, 화학비료를 포기 밑둥에 주도록 한다. 시비할 때마다 흙 돋우기도 함께 한다.

● 가지 뻗게 하는 법

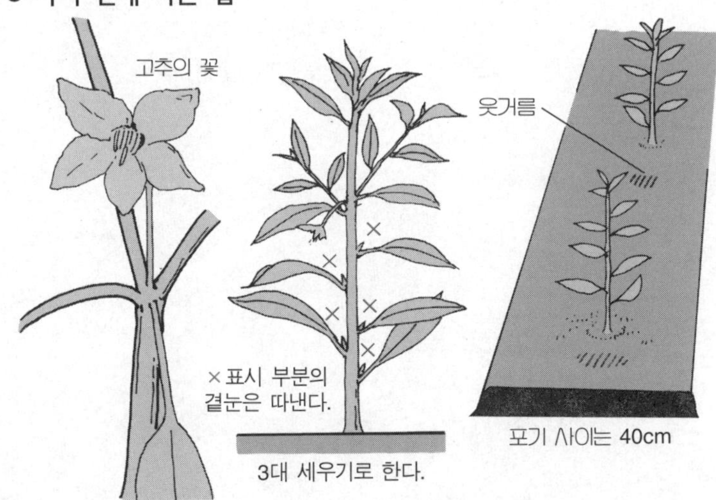

♣ 수확

여름 내내 풋고추를 따서 이용하다가 가을에는 붉게 익는 것부터 따면 되는데, 꽃이 한꺼번에 피는 것들은 꽃을 따서 열매 여는 것을 조절하면 좋다.

♣ 성분

고추의 매운 맛은 캅사이신(capsycine)이라는 성분 때문이다. 캅사이신은 기름의 산패를 막아 주고 젖산균의 발육을 돕는 기능을 한다. 캅사이신의 함량은 부위에 따라 차이가 있어, 씨가 붙어 있는 흰 부분인 태좌(胎座)에는 과피(果皮)보다 몇 배나 많으며, 씨에는 함유되어 있지 않다. 우리 나라의 김장용 고추는 미국의 타바스코·텍사스, 일본의 다카노주에 것과 같은 품종보다 캅사이신은 1/3, 당분은 2배 정도 들어 있어 매운 맛과 단맛이 잘 조화되어 있다.

고추의 붉은 색은 캅산틴·캅솔빈과 같은 카로티노이드계 색소 수십 종이 어울려서 나타나는 것으로, 여기에는 몸 속에서 비타민 A로 바뀌어 비타민 A의 공급원이 되는 것이 많다. 또 비타민 C의 함량도 매우 풍부하여, 감귤류의 2배, 사과의 50배나 된다.

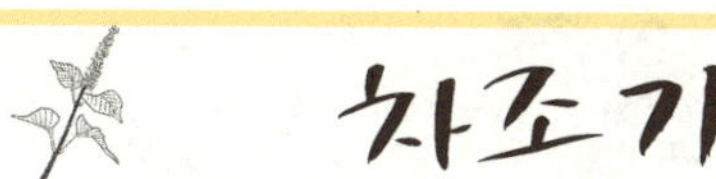

차조기

- 발아적온 : 30℃
- 생육적온 : 20 ~ 30℃
- 연　　작 : 가능
- 용기재배 : 가능
- 난 이 도 : 낮음

월	1	2	3	4	5	6	7	8	9	10	11	12
작업내용			정식 X———————					수확				

　　꿀풀과 한해살이풀로 높이 1m 정도 자란다. '차조기', '소엽(蘇葉)'이라고도 한다. 전체가 자줏빛을 띠고 향기가 있다. 줄기는 각이 지며 곧게 서고 가지가 갈라진다. 잎은 마주 나며, 잎자루가 길고 넓은 달걀꼴이고, 잎 밑이 둥글거나 다소 쐐기 모양이며, 끝이 날카롭고 톱니가 있다.

♣ 재배

1) 가꾸는 장소

　　특별히 장소를 가릴 필요가 없으며, 건조에도 강하므로 뜰 어디에 심어도 잘 산다. 집 한구석에 2~3그루 심으면 편리하게 이용할 수 있다.

2) 품종

‘청차조기’와 ‘적차조기’로 크게 나눌 수 있다. 청차조기는 잎이 담록색이며, 향이 강하여 생선회에 곁들이면 요리가 한층 더 돋보인다.

적차조기는 잎줄기가 홍자색이고 담홍색의 작은 꽃이 달린다. 잎의 즙액이 분홍색으로 이웃 일본에서는 그들이 가장 좋아하는 ‘우메보시’의 착색에 없어서는 안 될 향신료이다. 이 색소는 자소린과 베리라린이라는 성분이다.

그 외에도 ‘잔주름 차조기’가 있다.

3) 파종

씨앗은 수확 후에 뿌려도 좋으나, 다음해 봄 4월 중순 내지 5월 상순에 파종해도 좋다. 그러나 발아율은 상당히 저하된다. 많이 재배하지 않을 경우에는 노지에 많이 파종했다가 솎아내면 된다.

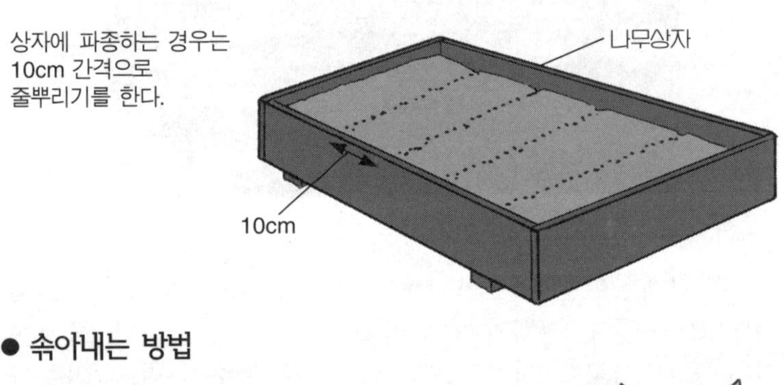

● **솎아내는 방법**

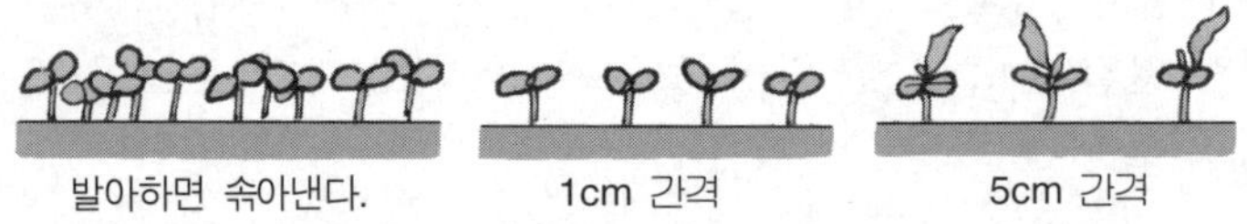

4) 시비

특별히 비료를 줄 필요는 없으나 포기를 크게 하고자 할 때는 2회 정도 화학비료를 포기 밑둥에 준다.

♣ 수확

키가 40cm 정도 자라면 아래쪽 잎부터 차례대로 따서 이용하도
록 한다.

● 심는 법

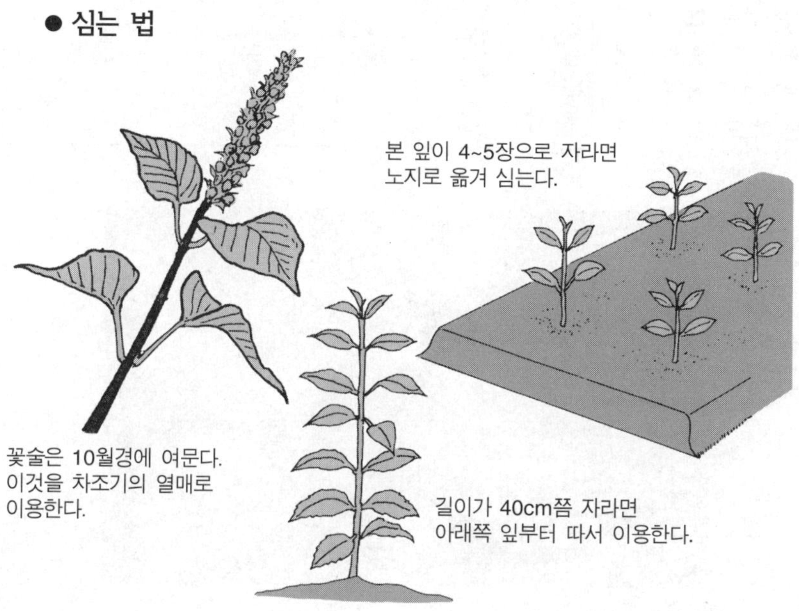

♣ 영양

비타민류가 많이 포함되어 있으며, 특히 비타민 A · C를 많이 포
함하고 있다. 칼슘과 철분도 함유하고 있다.

잎과 종자는 정신 불안 · 발한 · 진해 · 진정 · 진통 · 이뇨 등의 한
방약이나 생선과 게의 중독에 해독제로 쓴다. 종자에서 얻은 기름
은 과자 · 담배의 부향료(副香料)로 이용되며, 강한 방부작용이 있
다.

참외 

- 발아적온 : 30 ~ 25℃
- 생육적온 : 25 ~ 30℃
- 연　　작 : 불가(3~5년)
- 용기재배 : 불가
- 난 이 도 : 높음

월	1	2	3	4	5	6	7	8	9	10	11	12
작업내용			파종 ●	X 정식		수확						

　　박과의 한해살이 덩굴식물로서 원산지는 인도이며, 야생종에서 개량된 것이다. 멜론의 선조종이 기원전 중국에 도입되어 동양 전역에서 널리 재배되고, 5세기 무렵 현대 품종의 기본형이 생긴 것으로 추정된다. 원줄기는 길게 옆으로 뻗으며, 덩굴손으로 다른 물체를 감아 올라간다.

　　감미가 풍부하고 향기가 높아 초여름의 생과물로서 그 수요가 높고, 또한 많은 사람들에게 사랑받는 여름 과실이다.

♣ 재배

1) 가꾸는 장소

참외는 고온건조의 작물로서 장기간의 장마 때는 병충해의 발생

및 결실이 불량하게 된다. 토질은 배수가 잘 되는 사질양토 및 양토로서 배수가 잘 되고, 너무 습기가 많지 않는 곳을 택해서 3~5년만에 한 번씩 재배하는 것이 좋다.

2) 품종

'성환참외', '강서참외' 등은 우수한 재래종이며, 이밖에도 '감참외', '사과참외' 등 다수의 재래종이 있다. 일본에서 육종된 '은천참외'는 단맛이 강하고 육질도 좋아 현재 가장 널리 재배되고 있다. 조숙(早熟) 재배용으로는 '춘향', '금표' 등이 인기가 높고, 멜론의 변종인 '유멜론', '국멜론' 등이 도입, 보급되고 있다. 주요 품종의 특징을 보면 다음과 같다.

① 프린스 멜론 : 무게는 500g 정도이고 과피는 회백색이며, 과육의 중심은 등적색, 주변은 녹색으로 품질이 좋다.

② 뉴멜론 : 무게가 350~400g인 구형이며, 과피와 과육은 연녹색이다.

③ 금표 : 무게는 250g이고, 과형이 달걀형이다.

▲ 참외의 암꽃

3) 파종

옛날에는 전부 직파를 하였는데, 근래에는 직파하는 곳도 있고, 비닐 하우스 안에서 육묘하는 곳도 있다. 이때 병의 발생을 방제하기 위해 종자를 소독하는 것을 잊지 말아야 한다.

파종 시기는, 직파할 경우 중부지방은 3월 하순에서 4월 상순, 남부 지방은 3월 중·하순경이다.

육묘할 경우에는 3월 상순에 30~35℃인 온상을 만들어 그곳에 파종 육묘하고, 1차 가식을 한 다음에 미리 순치기까지한 뒤에 4월 하순 내지 5월 상순에 정식한다.

● **참외 묘상**

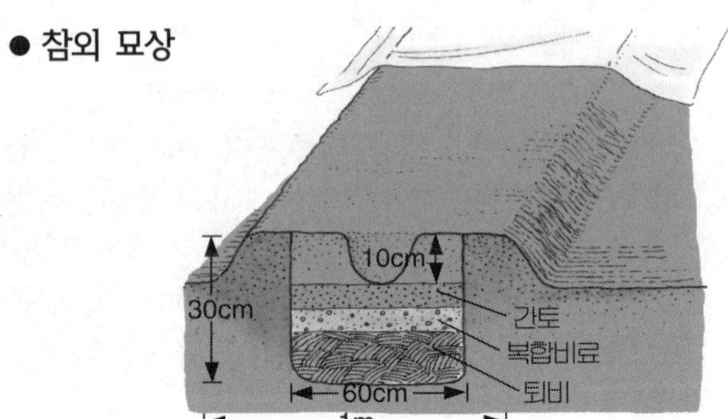

4) 심을 밭 준비

전년 가을에 일단 석회 및 퇴비를 뿌리고, 2월 하순 내지 3월 상순에 잘 갈아서 미리 심을 준비를 한다.

5) 비료

참외의 비료는 잎줄기, 과실에 모두 균등하게 주지 않으면 완전한 생육과 결실을 할 수 없으므로 주의해서 시비하도록 한다. 표준 비시량은 1㎡당 복합비료 120g, 인산가리 80g 정도이다.

● **접목한 참외 묘**

6) 순치기

본 잎이 5~6장일 때 생육이 좋은 2개의 아들순을 남기고 순을 자른다. 그런 다음 잎이 4~5장이 자라났을 때 또 순을 치면 손자순이 나오는데, 이 손자순에 결과하게 된다.

7) 부초와 멀칭

고온을 좋아하는 과실이므로 지온을 높이기 위해 멀칭을 하고,

순이 잘 뻗어 나가게, 멀칭 위에 짚을 깔아 준다.

● 정식

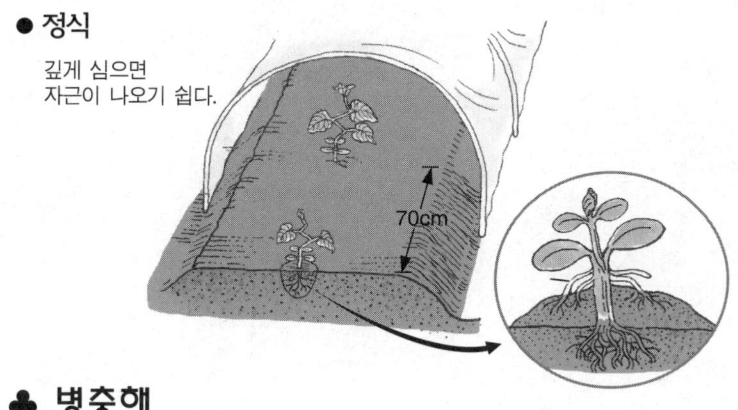

♣ 병충해

주로 발생하는 병에는 만활병·백삼병·노균병·회색병·위축병·탄저병 등이 있으므로, 적당한 살균제를 적기에 뿌려 준다. 충해로는 진딧물이 극성을 부리므로, 유기제를 뿌려 살충하도록 한다.

♣ 수확

참외는 고온성 채소로서 저온에 대해서는 수박보다 민감하다. 꽃이 핀 지 25~35일이면 수확할 수 있는데, 초기에는 35일, 후기에는 25~28일이면 수확할 수 있다. 열매자루가 달린 부분이 갈라지기 쉬운 품종은 2~3일 앞당겨 수확하는 것이 좋다.

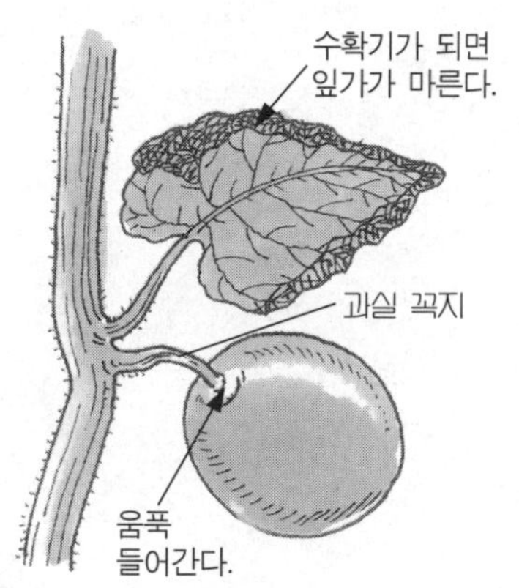

♣ 성분

수분이 96%로 성분의 대부분을 차지하고, 단백질과 탄수화물은 각각 0.5%, 2.4% 정도이다. 또한 100g 중에 인산 36mg, 칼슘 4mg, 철 3mg이 포함되어 있고 열량은 13kcal이다.

야채 가꾸기의 기초 지식

1. 손수 야채를 가꾸어 보자

자연의 혜택을 피부로 느끼며, 사시사철 조금씩 여가를 내어 손수 신선한 채소를 가꾸고, 또한 가꾼 채소로 맛있는 요리를 만들어 가족들과 함께 나누어 먹는 즐거움은 꽃을 가꾸는 것보다 더 만족스러운 행복감을 느끼게 할 것이다.

꽃을 기르고, 정원수를 심는 가정원예 가운데서도 채소를 가꾸는 원예는 식물이 자라는 변화를 관찰하면서도 귀중한 소득을 얻을 수 있으니, 그 기쁨은 다른 어떤 원예보다도 더할 것이다.

시장이나 백화점에 가면 연중 온갖 채소가 싱싱하게 진열되어 있다. 그러나 그런 채소들이 그곳에 진열되기까지 얼마나 많은 농약의 세례를 받고, 또한 방부제의 처리가 되어 있겠는가를 생각해 보면 갑자기 온몸에 오싹한 전율이 느껴진다.

상점의 채소는 먼 곳의 생산지나 심지어 해외에서 들여오느라 신선도가 떨어지고, 온실이나 비닐 하우스 안에서 재배되므로 자연 속에서 충분한 햇빛을 받으며 자란 채소보다 아무래도 영양가가 떨어지는 것은 말할 것도 없다. 그러나 자연의 기후에 맞춰 자기 손으로 농약을 쓰지 않고 직접 재배한 신선한 채소는 진실로 신선한 채소 본연의 풋풋한 참맛이 그 속에 담겨 있을 것이다.

비록 넓지 않고 양적으로도 많지는 않지만, 자기 손으로 직접 재배한 채소를 식탁에 올린다는 것은 여러 가지 면에서 각별한 뜻이 있을 것이다. 그 식탁 위에는 반드시 가족의 건강과 행복을 지켜 주는 여신이 미소짓고 있을 것이다.

▲ 백화점에 가지런히 진열되어 있는 여러 가지 채소

2. 밭 없이도 채소를 가꿀 수 있다

가정채원의 야채 가꾸기는 꽃 가꾸기와 마찬가지로 무척 즐거운 일이며, 수확의 즐거움까지 따르므로 꽃 가꾸기 이상으로 즐거운 작업이다. 일종의 취미생활이 되기도 한다. 그래서인지 요즘에는 "우리 집에서도 야채를 가꾸고 싶다."는 사람이 의외로 많아졌다. 그러나 교외나 가까운 곳에 밭을 빌려서까지는 좀 그렇다는 등의 이유로 야채 가꾸기를 단념하는 경우가 대부분이다.

어느 정도의 땅, 즉 적어도 몇 평의 밭은 있어야 야채를 가꿀 수 있다는 것이 상식이었다. 그러나 요즘은 야채를 가꾸는 데에 있어서 반드시 밭이 필요하다는 생각은 낡은 선입관이 되어 버렸다. 최근에는 여러 가지 기발한 아이디어로, 우리 주위에서 손쉽게 야채 가꾸기를 즐기는 '미니 채원'이 많아졌고 또한 인기가 높아지고 있다.

더구나 '땅 없는 채원'이라고 불릴 만큼 야채 가꾸기의 연구가 여러 방법으로 이루어져 상상 이외의 수확을 올리고 있다.

식물이 자라는 것을 보고 즐기면서, 손수 가꾸는 신선한 야채를 맛볼 수 있는 '미니 채원'을 지금 곧 당신도 쉬운 것부터 시작해 보는 것은 어떨지? 결코 실패하는 일은 없을 것이다.

● 미니 채원의 장소

창 밖

옥상

담

1) 미니 채원은 왜 인기가 높은가?

요즘은 밭이라 부를 수 없는 곳에서 상상 외의 공간을 이용하거나, 갖가지 용기를 사용하는 야채 가꾸기가 인기를 모으면서 유행하게 되었다.

① 처마 밑에 덩굴성의 야채를 재배한다.
② 화단 가장자리를 이용한다.
③ 통로 곁에 심는다.
④ 담장을 지주(支柱)로 이용하여 심는다.
⑤ 용기 등을 이용하여, 연못 안에서 애채를 재배한다.
⑥ 2층의 장독대나 옥상을 이용한다.
⑦ 베란다를 이용한다.
⑧ 주방 창틀을 이용한다.

이상과 같이 지금까지 상상도 못했던 옥외나 실내의 공간을 입체적으로 이용하여 야채를 가꿀 수 있다.

　가꾸는 용기도 플랜터(planter, 화초를 많이 심을 수 있는 긴 용기)나 커다란 화분을 비롯하여 나무 또는 폴리 상자, 헌 물통, 과자나 과일 등을 담았던 빈 상자, 비닐 주머니(비료 부대) 등의 못 쓰게 된 물건을 다시 이용할 수도 있다.

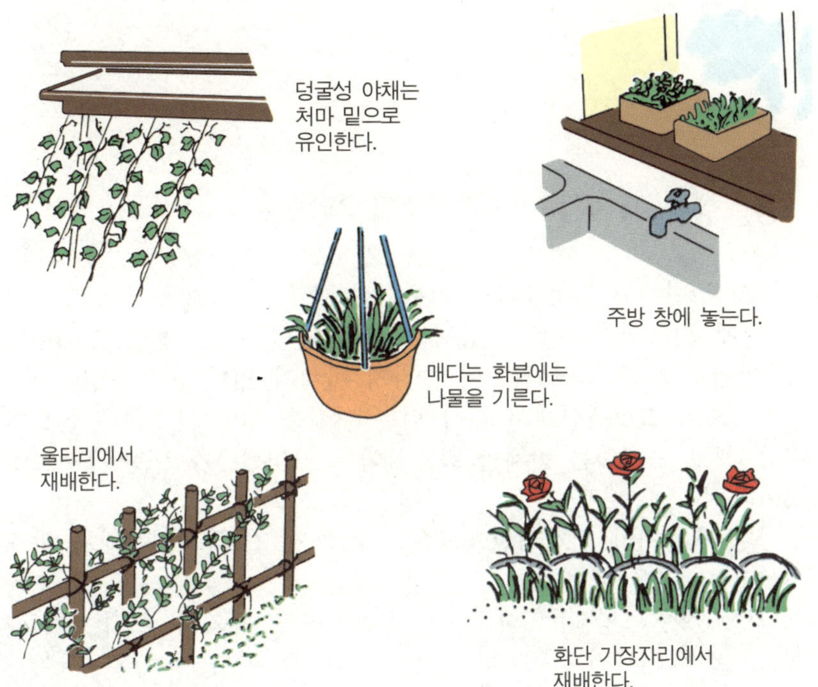

2) 신선한 야채의 맛

　미니 채원의 매력의 하나는 손수 식물을 가꾸는 즐거움이다. 햇빛을 한껏 쬐면서 흙과 가까이 하므로 '건강 가족', '행복 가족'이 조성되는 것도 당연하다고 말할 수 있다.

　그와 더불어 수확한 야채의 참맛! 옥수수·풋콩·토마토·딸기 등은 그 신선함이 그대로 맛과 직결되는 야채이다. 특히 옥수수는 수확 후 이틀이 지나면 단맛이 절반으로 줄어든다고 하니 금방 수확한 신선한 맛은 시중에서 돈으로 살 수 없는 귀한 것이다. 막 따낸 토마토는 틀림없이 '자연'의 맛이 그대로 입 안에 확산될 것이다.

3) 농약 없는 무공해 야채의 신선한 맛

비교적 병충해에 걸리지 않는 가지 따위는 전혀 농약을 사용하지 않고 식탁에 올릴 수 있으므로, 미니 채원이 아니고서는 얻을 수 없는 귀중한 수확물이다.

3. 장소에 따른 여러 가지 재배법

우리 주변에서 일상생활에 이용되는 야채는 약 30종이다. 그러나 그 밖에 외국에서 새로 도입되는 야채가 날로 증가하는 추세이므로, 실제로 우리 시장에는 여러 가지 야채가 있다. 가정채원에서는 일반적으로 일상생활에서 흔히 먹는 야채를 재배하는 것은 물론이지만, 새로 유행하는 야채를 화초삼아 길러 보는 것 또한 흥미로울 것이다.

미니 채원이라 말하지만 궁리를 잘 하면 거기서 생산되는 양도 무시할 수 없을 것이다.

가령, 겨우 1평 정도의 좁은 공간이라도 포기와 포기 사이를 30cm로 심는다면 7포기나 심을 수 있게 된다. 이랑의 사이를 50cm로 하면 4이랑이 되므로 28포기의 가지를 심을 수 있다. 그러면 여름부터 가을에 걸쳐 150~160개의 가지를 수확할 수 있다.

물론 한 종류만 심는 것이 아니라 여러 가지의 품종을 심을 수도 있기 때문에 1년간의 재배 계획을 세우면 쉴새없이 여러 가지 신선한 야채를 수확할 수가 있는 것이다.

더구나 집 주위(통로·처마 밑·창가·정원수 아래 등)를 광범위하게 활용하면 더욱 많은 수확을 거둘 수 있고, 변화가 풍부한 야채로 식탁을 장식할 수가 있다.

한마디로 '야채'라고 표현하지만 햇볕을 좋아하는 것도 있고, 오히려 해그늘인 곳에서 잘 자라는 것도 있다. 또는 그 중간 정도에서도 잘 자라는 야채도 있으므로, 장소를 택하기에 따라 여러 종류의 것을 재배할 수 있다.

공간에 따라 극히 단기간에 수확할 수 있는 것, 혹은 옆으로 퍼지

지 않고 자리를 덜 차지하며 입체적으로 만들 수 있는 종류도 있으므로 연구 여하에 따라 여러 종류, 많은 수확을 바랄 수 있다.

1) 작은 뜰이나 빈 터를 이용한다

우선 자기 집 주위를 한 번 돌아보도록 한다.

남쪽의 작은 뜰을 비롯하여 통로·담장 주위·정원수 아래·차고 옆 등, 미니 채원의 자리는 얼마든지 발견할 수 있을 것이다. 베란다나 건물 밖으로 나와 있는 출창(出窓)이 있으면 더욱 유력한 장소가 될 것이다. 계단은 물론이고 처마 끝까지 모든 장소를 야채의 성질에 맞추어 재배하면 된다.

● 장소의 이용

연못 안에는 쇠귀나물(자고) 따위가 좋다.

부추 따위는 디딤돌 주위도 심어도 좋다.

4. 야채의 특성을 이용한 재배

야채는 햇볕을 좋아하는 것도 있고 그렇지 않는 것도 있다. 이러한 특성을 잘 알고 적당한 품종을 적당한 장소에 심으면 다양하게 장소를 이용할 수 있다.

다음을 참고로 하기 바란다.

① 강한 햇볕을 좋아하는 야채

호박 · 수박 · 가지 · 토마토 · 오이 · 딸기 · 홍당무 · 양파 · 감자 · 고구마 · 옥수수 · 참마 등이다.

② 약한 햇볕에도 잘 자라는 야채
배추·양배추·파·시금치·고채(高菜)·양상추·아스파라거스·땅두릅·토란·당파 또는 실파 등이다.

▲ 약한 햇볕에도 잘 자라는 배추

③ 그늘을 좋아하는 야채
머위·생강·양하(裏荷)·파드득나물·고추냉이(산규) 등이다.
야채의 생육환경 적응은 햇볕의 좋고 나쁨뿐이 아니다. 쇠귀나물이나 미나리와 같이 다습한 곳에서 잘 자라는 야채도 있으며, 우엉이나 근대와 같이 약간 습한 장소가 적합한 것, 약간 건조한 장소가 좋은 고구마나 강낭콩 등도 있다.
밭이 없다 해도 이상과 같은 야채의 환경 적응을 이해한다면 야채 재배는 얼마든지 할 수 있으리라 생각된다.

1) 1년 내내 즐길 수 있는 부추

부추나 파와 같이 뿌리만 남기고 잎줄기를 베어내서 몇 번이든 수확할 수 있는 야채를 심어 보는 것도 좋을 것이다. 특히 부추는 햇볕이 잘 드는 곳이라면 별로 돌보지 않아도 잘 자라는 숙근초이므로 몇 해 동안 계속 수확할 수가 있다. 뿌리가 땅 속으로 퍼지므로 흙의 흩어짐을 방지하는 효과도 있다. 그리고 여름에는 20cm가량의 꽃줄기가 뻗어나 하얀 색의 조그만 꽃이 많이 펴서 눈을 즐겁게 해 준다.

　일부러 토양(土壤) 개량을 하지 않아도 그 장소에 적합한 야채를 선정하면 상당히 변화가 풍부한 것을 재배할 수가 있으며, 생각하지도 않았던 많은 수확을 얻는 경우도 있다.

2) 베란다에서 용기를 이용한 재배

　베란다도 훌륭한 미니 채원이 된다. 베란다에서는 용기로 가꾸게 마련인데, 일부러 플랜터 등을 구입하지 않아도 야채를 가꾸는 용기를 구하는 일이 그리 어려울 것은 없다.

　다음과 같은 쓰다 남은 용기를 이용하면 쉽게 야채 재배의 용기를 구할 수 있다.

① 플라스틱제의 헌 물통
② 발포 스티로폼의 빈 상자 따위
③ 오래 쓰다 남은 통이나 큰 화분(이것들은 비교적 대형의 야채
　 재배용이다)
④ 높이가 낮은 나무상자
⑤ 큰 대야, 어물상자
⑥ 빈 과자상자(작은 야채나 키가 낮은 야채 등을 심는다)

　이 밖에도 새로운 아이디어를 생각해 내어, 관엽식물을 심었던 매다는 화분도 이용할 수 있으며, 변칙적으로는 비닐·망사 등도 용기로 이용할 수 있다.

● 여러 가지 용기 이용

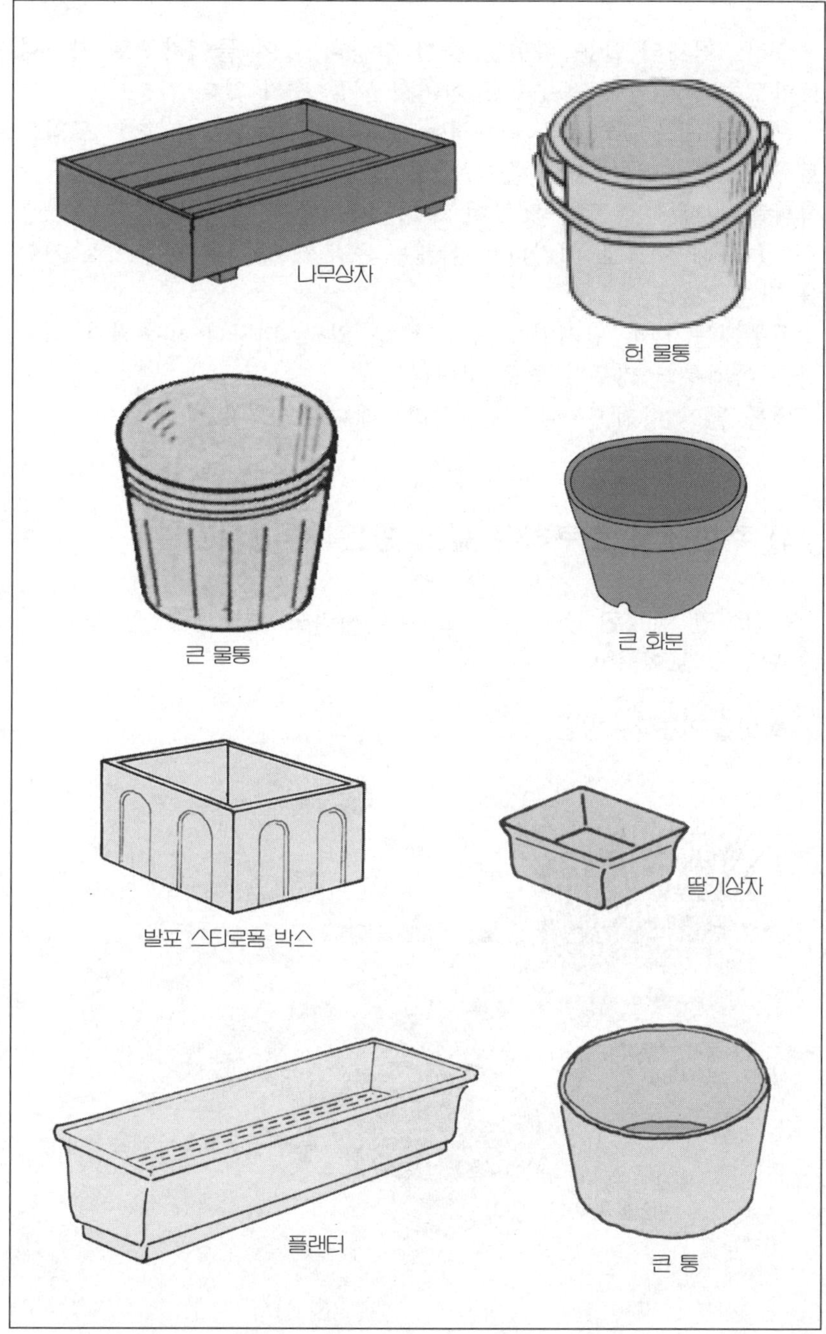

3) 옥수수도 키울 수 있다

플라스틱제의 물통 따위는 흙이 상당히 많이 들어가므로 가지나 토마토는 물론이며, 옥수수도 심어서 키울 수가 있다.

큰 화분(또는 물통)을 이용하여 꼬투리째 든 완두를 호롱 모양으로 가꾸어 올리는 것도 즐거울 것이다. 가을에서 겨울로 접어들며 삭막해질 때에 푸르름을 보여 주며, 따스해지면 귀여운 꽃마저 볼 수 있게 해 주므로 베란다용 야채는 주부가 즐거운 마음으로 키워 볼 만할 것이다.

처음에는 극히 단기간에 수확할 수 있고, 더구나 병충해가 적은 작은 야채부터 키우면 좋을 것이다.

예를 들면 평지·시금치·파슬리·래디시·쑥갓 따위 등이다.

4) 주방에서 소쿠리나 볼로 만든 미니 채원

옥외에만 한정된 것이 아니고, 어디서라도 채소를 가꿀 수 있다는 단면을 보여 준다.

● 볼을 이용하는 방법

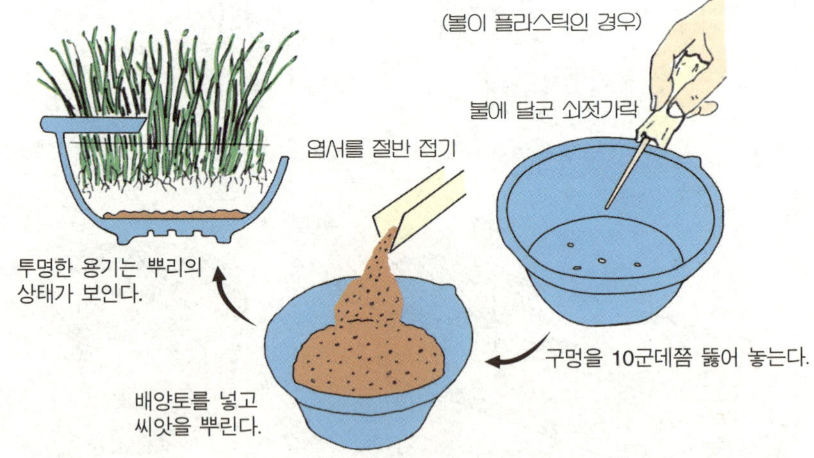

야채 중에는 햇볕을 필요로 하지 않는 것이나 오히려 빛을 차단하지 않으면 안 되는 것이 있다. 주방에서 소쿠리나 높이가 약간 높은 대접이나 사발 따위, 즉 볼(bowl) 등 집 안에 있는 용기를 이용하여 간단히 야채 가꾸기를 즐겨 보도록 한다.

5) 소쿠리의 이용법

소쿠리 안쪽에는 알루미늄 호일(은박지)을 한 장 깔아서 흙이 내려가지 않도록 한다. 열무(떡잎을 따먹는)나 파, 솎음배추와 같이 직접 날것으로 먹거나 술 안주용으로 쓰는 채소나, 서양요리에 곁들이는 경무는, 특히 물 빠짐 구멍을 뚫지 말고 물 주기에만 주의하면 잘 자란다.

플라스틱제의 소쿠리는 빨강·노랑·녹색 등 색깔도 다양하다. 사용법에 따라서는 색채가 다양해 주방 인테리어도 되므로, 채소도 수확하고 인테리어도 할 수 있는 등 일석이조의 이점이 있다.

6) 볼의 이용법

플라스틱제의 볼은 빨갛게 달군 쇠젓가락 따위의 끝으로 구멍을 간단히 뚫을 수 있으므로 매달기 화분 스타일의 용기가 된다.

볼이 투명한 것이면 싹트기부터 생장의 상태를 관찰할 수 있는 또다른 즐거움도 맛볼 수 있다.

따서 먹는 종류의 야채는 특히 흙 묻을 염려가 없고 비료도 필요 없으므로, 손도 더럽히지 않고 신선한 야채를 손쉽게 수확할 수 있다. 나물로 기르는 무를 예로 들면 비타민 A·C와 칼슘 등이 풍부한 야채이다. 그러므로 간단히 가꿀 수 있다 하여 하찮게 여길 수 없는 야채인 것이다. 선진국에서는 무 떡잎 나물이 식용으로 많이 이용되어 시판되고 있다.

또한 파드득나물 등, 일종의 숙주나물 모양으로 기르는 야채는 햇빛을 피해야 하므로 주방에서 기르기에 적격인 야채이다.

씨앗만 뿌려두면 다음은 자연히 자라는 것을 기다려 수확하는, 주방 채원의 맛을 즐겨 보는 것도 좋다.

● 접시를 이용한 재배

① 재배상

② 파종 방법

바닥 전면에 깔리도록 뿌린다.

③ 물통

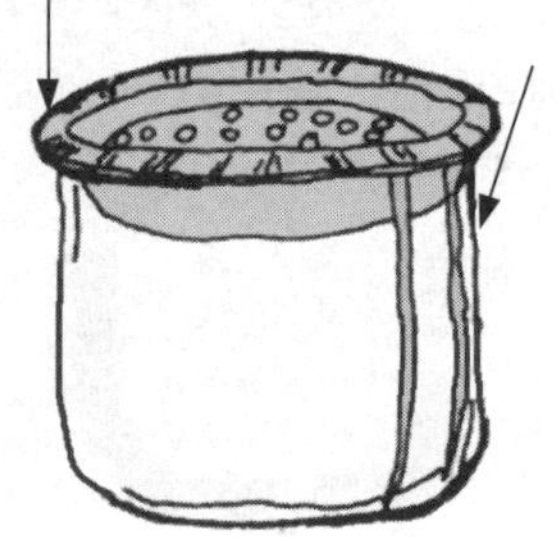

물통은 조금 깊숙한 플라스틱제
용기나 깊은 사발 등을 이용한다.

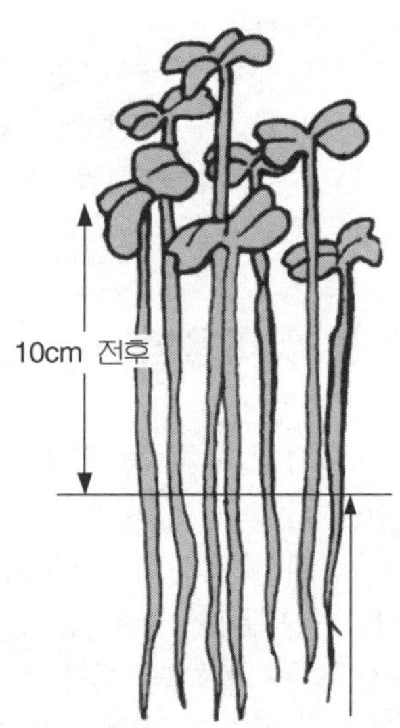

④ 수확

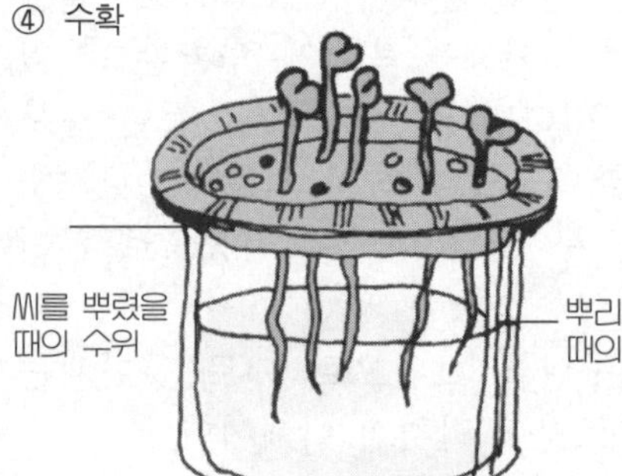

5. 야채 재배에 도움이 되는 흙의 지식

혹시 "우리 집의 야채가 잘 안 되는 것은 흙이 나빠서인가?"라든가, 또는 "좋은 흙을 구할 수가 없어서……"라는 등으로 야채 가꾸기를 단념하고 있지는 않은지? 확실히 야채 가꾸기에 흙이 적당하지 않다면 생육도 제대로 되지 않을 것이다.

그러나 미니 채원에선 극히 한정된 공간을 이용하므로 다소의 수고로 흙을 개량할 수 있으며, 야채 재배에 아무런 지장을 주지 않을 수 있다.

다른 식물들과 마찬가지로 야채도 흙 속에 뿌리를 뻗고 산다. 그러나 흙 속에서의 양분만을 흡수하며 사는 것은 결코 아니다. 뿌리에서 수분과 공기를 함께 흡수하면서 사는 것이다.

즉, 호흡작용은 잎에서만 이루어지는 것이 아니라, 뿌리도 흙 속의 산소를 흡수하고 뿌리 체내에서 유기물을 연소시켜 탄산가스를 배출하는데, 이때 생기는 에너지로 흙 속의 수분과 양분이 흡수되도록 되어 있다.

그러므로 흙 속에는 양분뿐만 아니라 적당한 수분과 공기도 포함되어 있어야 한다는 것을 먼저 알아야 한다.

● **흙의 구조**

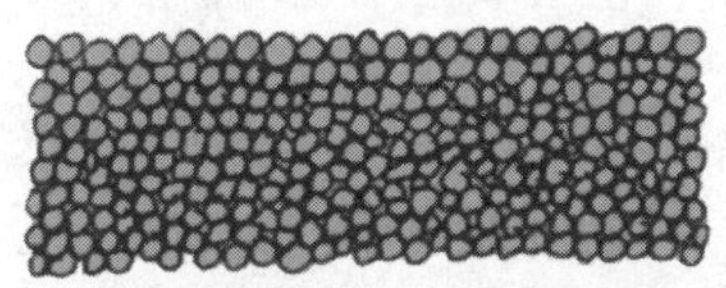

배수가 나쁜 흙 : 흙 알갱이가 너무 잘기 때문에
물이나 공기가 통하기 어렵다.

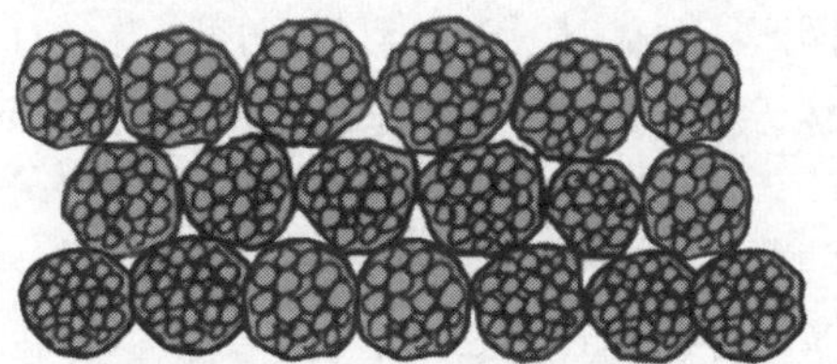

배수가 잘 되는 흙 : 덩어리가 뭉치를
이루고 있다.

1) 야채의 맛은 흙이 좌우한다

야채가 뿌리를 사방으로 뻗어 충분히 발육하려면, 우선 산소의 공급이 필요하다. 그리고 수분과 비료를 적절히 흡수할 수 있는 흙이면 야채는 정상으로 자라며, 맛이 좋은 야채를 수확할 수 있게 되는 것이다.

2) 흙의 종류

흔히 '가벼운 흙', '무거운 흙'이라고 하는데, 여기서는 간단히 설명하기로 한다.

① 가벼운 흙

흙에는 찰기가 있고 끈끈한 성질, 다시 말해 점성이 있다. 이것을 교질(膠質)이라 부르는데, 이 교질이 적은 흙은 흙의 알갱이, 즉 입자(粒子)와 입자가 잘 달라붙지 않아 푸석푸석한 상태의 흙이 된다.

이 가벼운 흙은 알갱이가 뭉쳐지지 않기 때문에 통기성이 결여되고 배수(排水)도 좋지 못하다.

일반 가정의 마당에 있는 흙은 대개가 이런 흙이다.

② 무거운 흙

끈끈한 교질을 많이 함유하고 있어, 흙 알갱이끼리 잘 뭉치는 성질이 있다. 건조하면 딱딱하게 굳어지기 때문에 특히 뿌리채소[根菜]에는 적당하지 못한 흙이다.

그러나 보수성(保水性)도 좋고 비료분의 유지도 좋아, 일구기에 따라 덩어리진 알갱이 흙이 되어 야채 가꾸기에 좋은 조건의 흙이 된다. 하천변에 있는 흙이 주로 이러한 층에 속한다.

이상 어느 것이나 야채 가꾸기에 그대로 사용하기에는 적당하지 않지만 이 흙을 개량하는 방법이 있다. 토양 개량제라 불리며 여러 가지의 것이 시판되고 있으나, 흙을 비옥하게 하는 데는 역시 풀이나 짚을 썩혀서 만든 거름인 퇴비가 제일이다.

3) 흙 개량하기

개량하고 싶은 장소에 퇴비나 부엽토(풀·낙엽 따위가 썩은 흙)를 넣고, 깊이 30cm 정도까지 일구어 혼합해 두는 것이 제일 좋다. 가벼운 흙은 점성이 가해져 덩어리 입자의 구조가 좋아지므로 통기·배수성·수분 유지·비료분 유지가 향상된다.

퇴비나 부엽토는 흙 속에서 분해되어 부식질(腐植質)이 되며, 야채 생육에 필요한 미량의 요소도 함유하게 되어, 이것이 비료의 구실도 하게 되는 것이다.

그러므로 퇴비를 많이 주는 것이 토양 개선의 최선의 길이다.

● **흙의 개량**

4) 구하기 쉬운 토양 개량제

일반 가정에서 퇴비를 만들기란 그리 쉬운 일이 아니다. 짚 따위를 구하기도 어려울 뿐만 아니라, 구한다 해도 도시의 좁은 주택에서는 여러 가지 여건으로 만들기가 거의 불가능하다. 그러므로 미니 정원에서는 많은 양을 쓰지 않으므로, 원예용 재료로서 이미 일반화되어 있는 펄라이트(Perlite: 시판하는 토양 개량제)나 유기질 비료를 구입하는 것이 좋다. 흙의 개량에는 한 평당 약간 작은 물통으로 2컵 정도를 혼합하면 충분하다.

◀ 시판되는
상토의 일종

5) 플랜터나 화분에 넣는 흙

플랜터나 화분과 같은 용기 재배에 쓰이는 흙도 앞의 경우와 마찬가지로 통기·배수성·수분 유지·비료분 유지 등이 좋은 것이 이상적이다.

용기 안이라는 극히 한정된 공간에다 물을 자주 주기 때문에 밭에 비해 흙이 굳어지기 쉬운 것이 용기 재배의 특징이다. 그래서 부엽토 등의 유기질(有機質)을 많이 섞어 흙의 응고를 막도록 해야 한다.

6) 배양토 만드는 법

화분이나 상자에 사용하는 배양토는 보통 마당 흙에 부엽토를 섞어도 좋으나, 흙의 알갱이가 작고 잡균이나 해충 등이 섞여 있는 수가 많으므로 베란다나 실내에서 재배하는 경우에는 적당하지 못하다. 그러므로 피하는 것이 좋다.

대량이 아니라면 원예점 등에서 팔고 있는 '적옥토(赤玉土)'가 청결하기도 하며, 흙 알갱이의 구조가 특히 좋은 흙이 될 수 있으므로 이것을 쓰는 것이 좋다.

이 적옥토(진흙 성분이 많은, 붉은 흙)에 부엽토를 3할, 강 모래를 1할 정도 배합하는데, 그 전에 반드시 적옥토를 4~8ℓ 체로 쳐

서 나누어 놓는다. 그때 밑으로 떨어지는 제일 고운 흙(미진가루라
고도 함)은 버린다.

7) 플랜터나 화분에 흙을 넣을 때

우선 용기 밑에 굵은 덩어리 흙을 깐다. 그 위에 중간 알갱이로
쳐낸 흙을 넣고 다시 작은 알갱이 흙을 넣어, 씨앗 또는 묘를 심는
다.
아래로 내려갈수록 흙의 알갱이를 크게 하는데, 이것이 통기와
배수를 높이고 뿌리의 발육을 보다 더 촉진시키게 되는 것이다.
맨 윗부분의 흙의 알갱이가 잘기 때문에 포기가 튼튼하게 지탱이
되어 건전한 생육을 할 수 있다.

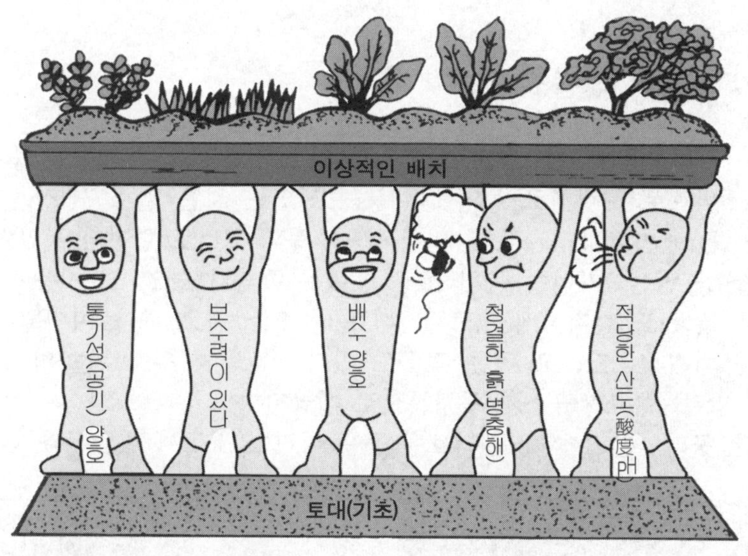

6. 미니 채원에 적당한 비료

식물이 잘 자랄 수 있도록 인위적으로 공급해 주는 물질을 비료라고 하는데, 오늘날에는 실제로 여러 가지 종류의 비료가 농사에 사용되고 있다.

그것을 우리는 필수 요소, 또는 대량 요소라고 부르고 있다. 그다지 많은 양은 필요하지 않지만 야채가 정상적인 발육을 하기 위해서는 없어서는 안 될 극히 적은 양의 비료를 미량 요소라고 한다. 이 미량 요소는 대부분 흙 속에 필요한 양이 포함되어 있으므로 특별히 따로 주지 않아도 가정채원에서는 별로 지장이 없다.

보통 비료라고 하면 전자인 필수 요소를 말하고, 질소(N) 인산(P) 가리(K)의 3대 요소를 말한다. 이 3대 요소는 채소를 재배하는 데 많이 필요하므로 반드시 비료로서 시비해야 한다.

1) 필요한 비료의 요소

식물의 생육에 필요 불가결한 양분 원소는 16종류이지만, 이 중에서도 비료로서 실제로 농지에 이용되고 있는 것은 질소·인산·가리·칼슘·마그네슘·규소·망간·붕소 등의 원소로 한정되어 있다.

질소·인산·가리는 특히 토양 중에 부족되기 쉽고, 또 시용효과(施用效果)도 현저하게 크므로 '비료의 3요소'라고 한다. 여기에 칼슘을 더해 4요소라고 하는 경우도 있다. 이 외의 원소로는 마그네슘·망간·붕소·규소가 주성분으로 취급된다.

단, 구리·철·아연·몰리브덴 등은 미량 요소로서 취급된다.

▲ 고추의 마그네슘(Mg) 부족

▲ 고추의 칼슘(Ca) 부족

▲ 토마토의 칼슘(Ca) 부족

▲ 상추의 가리(K) 부족

2) 비료의 종류와 주된 성질

① 질소

식물의 줄기와 잎을 만들고 잎의 색을 진하게 하며, 생장을 촉진시키는 역할을 한다. 어떤 종류의 야채를 재배하는 데도 꼭 필요하지만, 특히 엽채류를 재배하는 데는 없어서는 안 될 중요한 요소이다.

② 인산

눈에 보이는 직접적인 효과는 없으나, 월동해야 하는 양파·마늘·파 등에는 없어서는 안 되는 성분이며, 뿌리를 견실하게 내리게 하고, 추위에 대한 저항력도 증진시켜 주는 역할을 한다. 토마토나 수박, 참외 등 열매를 맺는 채소에는 특히 중요한 성분이며, 맛을 좋게 하고 결실이 잘 되게 하는 역할을 한다.

▲ 딸기의 마그네슘(Mg) 부족

▲ 무의 붕소(B) 부족

③ 가리

줄기와 잎을 튼튼하게 만드는 작용을 하므로, 줄기가 자라는 채소에는 꼭 필요한 성분이다.

비료의 3대 요소에 두 가지를 더해서 5대 요소를 칭할 때는 칼슘(Ca)과 마그네슘(Mg)를 더한다.

④ 석회(칼슘)

채소의 대부분은 알칼리성이고, 어떤 채소도 석회를 잘 흡수한다. 석회는 산성 토양을 교정해서 비료의 흡수가 잘 되게 하고, 뿌리를 튼튼하게 뻗게 하는 작용을 한다.

석회가 부족하면 토마토, 셀러리, 오이 등은 여름 고온 때나 온실 재배에서 열매가 썩어 버린다. 특히 토마토는 열매가 검게 썩어 버리고 만다.

⑤ 마그네슘

엽록소를 형성해서 잎의 광합성 작용을 왕성하게 하는데, 부족하면 잎이 오래된 잎부터 잎맥이 노랗게 황변한다.

3) 시비의 방법과 요령

인산분이 많으면 개화와 결실이 증가하는데, 과다하게 주면 열매의 껍질이 약간 단단해지므로 껍질째 생식하는 토마토나 오이에는 알맞게 줘야 한다.

인산은 생육 후반에 비료의 효과가 나타나는 것이 이상적이다. 또한 다른 함유 성분의 작용을 높이기 때문에 야채의 맛을 높여 주는 작용을 한다.

주의해야 할 점은 물 빠짐이 잘 되는 모래성의 용토로 용기 재배를 하는 경우에는 비료분이 잘 흘러내리기 때문에 약간 많은 듯하게 주도록 한다.

반대로 끈끈한, 즉 점성이 높은 곳에서는 비료분 유지가 좋으므로 어느 정도 시비의 기간을 두는 것도 좋을 것이다.

4) 3대 요소를 함유한 비료

질소·인산·가리를 각기 단독으로 함유한 비료가 요소라든가 과린산 석회, 유산가리와 같은 단비인데, 미니 채원에서는 3대 요소가 함께 포함되어 화학적으로 생성된 복합비료인, 이른바 화학비료가 쓰기에 편리하리라 생각된다.

화학비료는 메이커에 따라서 함유 성분비가 다르므로 주의할 필요가 있다. 또한 그 효력이 빨리 나타나는 속효성인 것이 많은데, 이런 화학비료를 과량으로 계속 사용하다 보면 흙이 거칠어지는(산성화됨) 수가 있으므로, 가능하면 퇴비·계분·깻묵 등의 중성인 유기질 비료도 겸용하는 것이 바람직하다. 그래야 흙이 힘[地力]을 회복하는 것이다.

용기 가꾸기에서 제일 중요한 것은 채소가 말라 죽는 가장 커다란 원인으로, 비료의 과다 시비나 배수가 나쁜 흙에 물을 너무 많이 주는 경우이다.

배수가 잘 되는 배양토를 쓰고 연한 액비(液肥)를 종종 물 주기 대신으로 쓴다면, 채소가 말라 죽는 일은 없을 것이다.

▲ 시판되는 여러 가지 액비(液肥)

● 비료의 역할

7. 좋은 모종과 씨앗 구하기

원예점이나 종묘상에는 사시사철 여러 가지 야채의 씨앗들이 잘 포장된 상태로 시판되고 있다. 또 따뜻해짐에 따라 비닐 포트 등에 심어서 기른 야채의 묘도 출하된다.

이러한 씨앗이나 묘를 고를 때의 요령을 알아보기로 한다.

▲ 육묘장에서 대량 육묘 중인 모종

1) 좋은 씨앗이나 묘를 고르는 법

좋은 씨앗이란 품종의 특성이 확실히 구비되어 있는 것, 발아율이 높은 것, 병에 걸려 있지 않은 것 등인데, 씨앗의 봉지만 보고서는 도저히 알 수가 없다.

그래서 다음과 같은 점에 주의하도록 한다.

① 신용할 만한 종묘회사의 씨앗인가 그렇지 않은가를 알아본다.

② 발아율이 좋은가 어떤가를 살펴본다.

③ 채종한 년월일이 언제인가를 알아보고, 오래된 것은 택하지 않는다.

● 씨앗 보존 방법

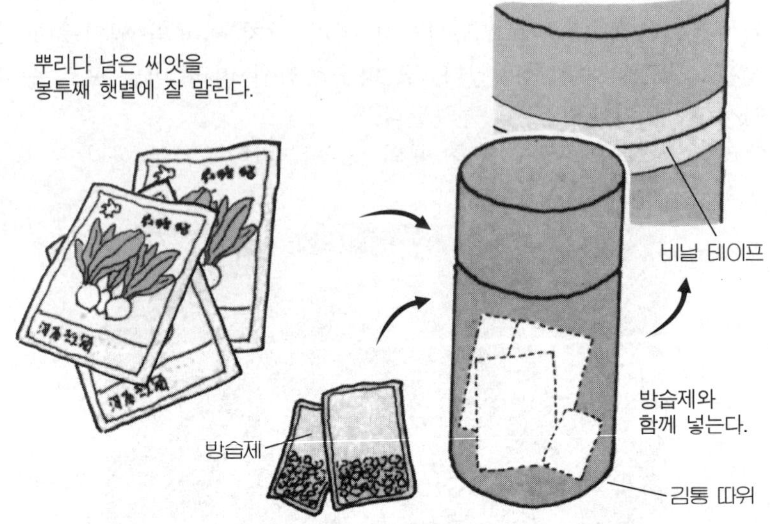

거의가 종이봉지에 밀봉 저장되어 있으므로, 4~5년이 지난 것은 대개가 발아율이 저하되게 마련이다. 따라서 언제 채종한 것인지 모르는 것은 피하는 것이 좋다.

2) 종자의 보존법

가정채원, 특히 미니 채원에서는 한 번에 씨를 다 뿌릴 수 없는 경우가 많다. 뿌리고 남은 씨앗은 종이봉지째로 보관하지 말고, 잎이 넓은 유리병 따위에 봉지를 넣고 김통이나 사탕 캔 안에 들어 있는 방습제를 함께 넣어 두면 더욱 좋다.

이렇게 보관하면, 그 이듬해에도 역시 같은 정도의 발아율을 기대할 수가 있다.

▲ 시판하는 오이 묘

3) 야채의 묘 구하기

해마다 계절이 되면 종묘상이나 시장에는 가지·토마토·오이를 비롯하여 고추·피망·호박의 과채류에서부터 파슬리·양상추 또는 파·양파 등이 출하된다.

토마토·가지와 같은 과채류는 손수 씨앗을 뿌려 묘를 키우는, 이른바 육묘는 어려우므로 미니 채원에는 시판하는 묘를 구하는 것이 좋을 것이다.

묘가 나돌기 시작하면 곧 구입하고 싶은 충동을 느끼겠지만 잠시 기다리는 편이 좋다. 4월에도 늦서리가 내리는 수가 있어 비닐 따위로 덮개를 쳐 보호할 필요가 있기 때문에, 노지에서 재배할 경우에는 서리의 피해가 완전히 사라진 다음에 심는 것이 안전하다.

5월에 접어들어도 늦지 않을 뿐더러, 그 후의 생육도 순조롭게 진행된다. 그리고 일찍 심어서 서리의 피해를 본 것보다 더 성적이 좋다.

4) 좋은 묘를 고르는 법

묘의 좋고 나쁨에 따라 그 해의 야채 작황이 만족한 결과를 얻느냐 그렇지 못하느냐가 결정된다. 좋은 묘를 고름으로서 이미 80%의 소질(素質)이 결정되므로, 묘는 신중히 고르도록 한다.

● 좋은 묘와 나쁜 묘의 식별

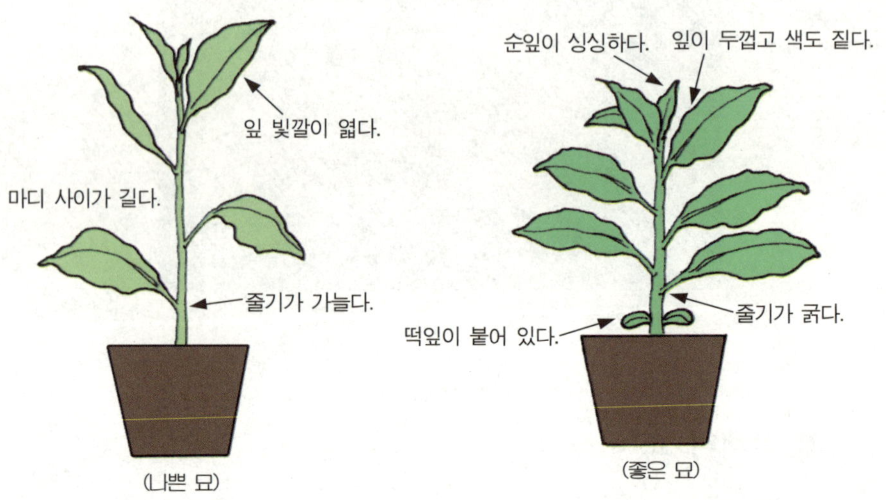

● 이런 묘는 피한다

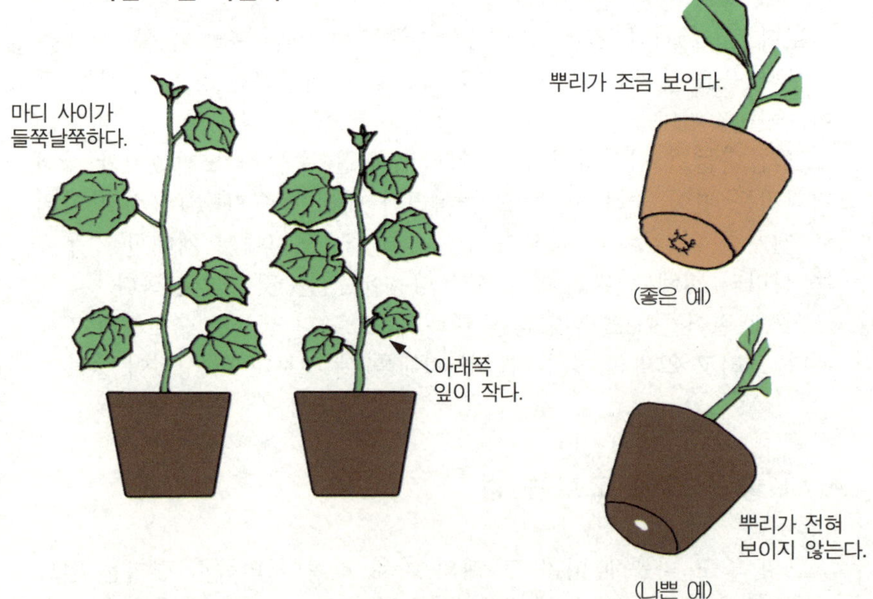

◀▲ 다양한 포트

묘를 고를 때는 다음과 같은 점에 유의한다.

① 아래 잎이 단단히 붙어 있는 것과 떡잎이 아직 붙어 있다면 더 할 나위 없이 좋다.

② 줄기(잎과 잎 사이의 마디 길이)가 짧을수록 좋으며, 탄탄하고 키가 낮을수록 충실하다.

③ 줄기가 굵고, 짜임새가 제대로 갖추어진 모양이 좋다.

④ 잎이 두껍고, 퍼짐이 팽팽하고, 녹색이 진할수록 좋다.

⑤ 잎이나 줄기에 병으로 생긴 반점이 없어야 하며, 특히 뿌리 근처를 살펴서 병반이 없어야 한다.

⑥ 뿌리 흙뭉치(뿌리가 붙어 있는 흙의 크기)가 묘의 크기에 비해 균형이 잡혀 있는가를 본다.

이상이 좋은 묘를 고르는 요령이므로, 많은 묘 중에서 되도록 이런 상황에 맞는 묘를 고르는 것이 중요하다.

묘가 점포에 진열되어 있으면 흔히 큰 묘를 고르고 싶어진다. 그러나 키가 너무 큰 것은 연약하게 자랐기 때문에 오히려 그 이후의 생장이 좋지 못한 경우가 많다.

앞에서 예시한 종류 외에 수박·아스파라거스·파슬리 등도 묘를 입수하여 키우는 것이 일반적이다.

자기가 씨앗을 뿌려 묘에서 키우는 편이 좋은 것으로는 옥수수·배추·양상추·양배추·부추·오크라 등이 있으나 파종의 적기를 놓치지 않도록 해야 한다.

5) 파종이나 심기는 적기에 해야 한다

되도록 싹을 많이 트게 하려면 그 야채에 알맞은 발아온도가 필요하며, 평균 기온이 높거나 낮아도 발아율은 나빠진다.

씨앗이 들어 있던 종이봉지에는 반드시 파종하는 시기와 뿌리는 법이 간단하게 설명되어 있으므로, 그 시기를 지키는 것이 중요하다.

파종에 앞서 특히 껍질이 단단한 종류나 발아율이 낮은 것은 뿌리기 전날 물에 담가 물을 흡수시키면 싹트기가 빨라지며 발아율도 높아진다. 그러나 콩과류는 썩을 염려가 있으므로 물에 담그지 않는다.

그리고 물에 뜨는 씨는 덜 익었거나 쭉정이(껍질만 있는 씨)이므로 제거하도록 한다.

6) 씨 뿌리는 법

씨를 뿌리는 방법에는 '줄뿌리기', '흩어 뿌리기', '점뿌리기' 등 세 가지 방법이 있다. 어떻게 뿌리든 발아 후 그냥 놔두면 촘촘해지므로 솎아내거나 옮겨 심어야 한다.

또 어느 정토 어린 묘로 키운 후 아주 심는 종류와 묘상에 파종하지 않고 직접 노지에 뿌려 그대로 키우는 종류도 있다.

이 시기의 생육이 수확량을 좌우하므로 신중히 다루어야 한다.

● 씨 뿌리는 법

(줄뿌리기)
(점뿌리기)
(흩어 뿌리기)
발아한 후에 솎아낸다.

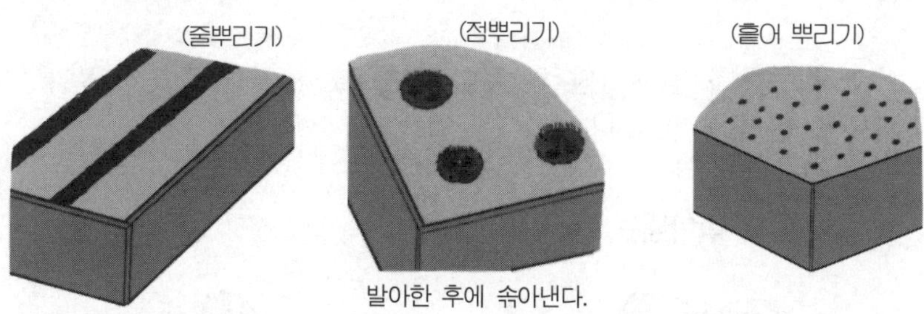

● 묘 심는 법

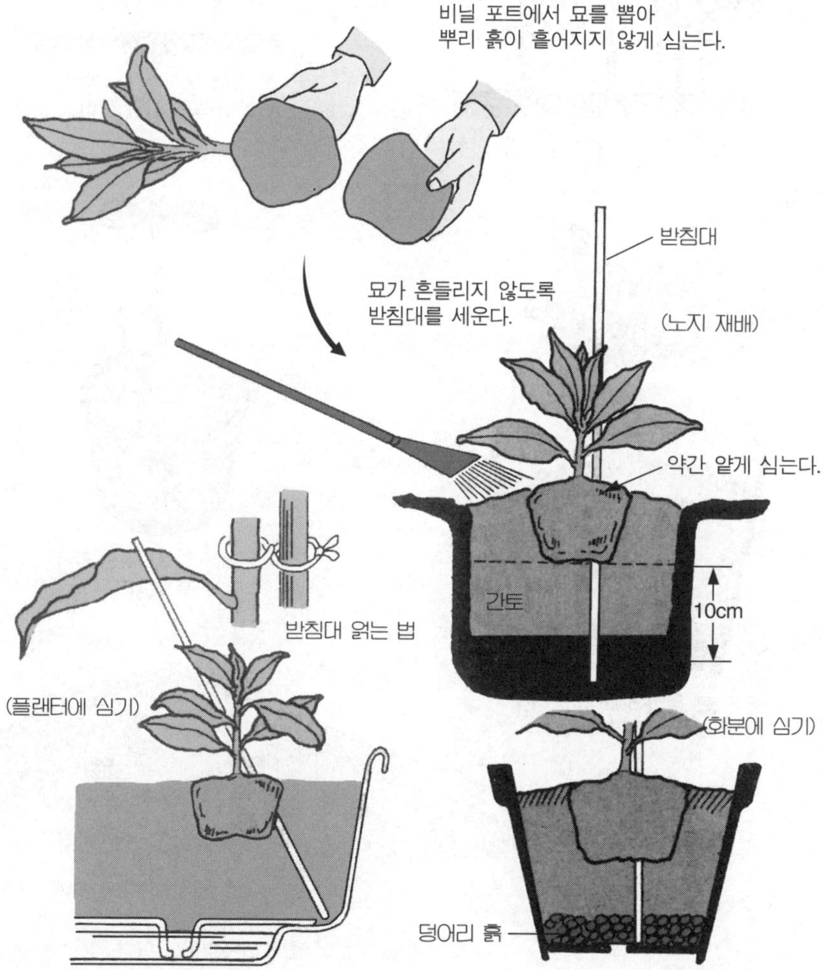
비닐 포트에서 묘를 뽑아
뿌리 흙이 흩어지지 않게 심는다.
받침대
묘가 흔들리지 않도록
받침대를 세운다.
(노지 재배)
약간 얕게 심는다.
간토
10cm
받침대 얽는 법
(플랜터에 심기)
(화분에 심기)
덩어리 흙

7) 심기 전의 준비

야채의 종류가 정해지면 한 보름 전쯤 앞서 흙을 충분히 일구고, 밑거름을 미리 주면 좋다.

● **발아한 묘 솎아내는 법**

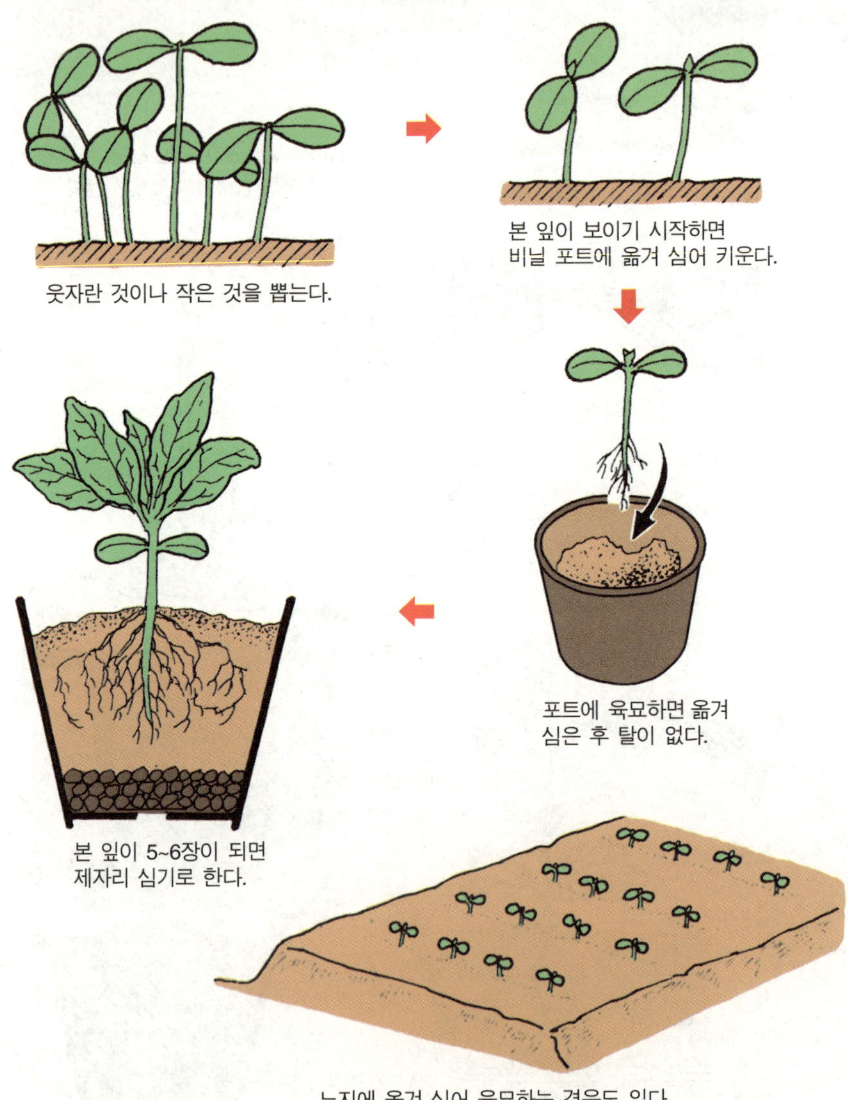

웃자란 것이나 작은 것을 뽑는다.

본 잎이 보이기 시작하면 비닐 포트에 옮겨 심어 키운다.

포트에 육묘하면 옮겨 심은 후 탈이 없다.

본 잎이 5~6장이 되면 제자리 심기로 한다.

노지에 옮겨 심어 육묘하는 경우도 있다.

심을 구멍은 채소 종류에 맞추어 포기 사이를 두고 삽 또는 이식용 흙손이나 꽃삽 등으로 판다. 심을 구멍과 구멍의 간격이 포기 사이가 되므로, "많이 심는 것이 수확이 많다."라고 생각하는 것은 잘못이다.

특히 가지와 같이 가지 퍼짐이 커지는 야채는 포기와 포기 사이의 간격을 충분히 두는 것이 질이 좋은 가지를 많이 수확하는 방법이다.

8) 묘 심는 법

옮겨 심기는 바람이 없는 날 오전 중에 끝내는 것이 이상적이다. 심을 구멍에는 물을 흠뻑 주고 묘를 심으면 뿌리 박힘이 좋아지는데, 물 대신 액비(液肥)를 아주 엷게 타서 주면 더욱 좋다. 봄에 심는 과채를 예로 들면, 토마토를 시작으로(5월 중순) 다음에 오이·수박·가지의 순으로 이어진다.

만약 묘를 일찍 나누어 받았을 때는 비닐 포트째 가식해 두었다가 적기에 정식(定植)하는 것이 좋다. 촉성 재배를 위해 모종을 일찍 심었을 때는 반드시 비닐을 덮어서 보온해야 한다.

▲ 정식한 후에 멀칭을 한 묘

8. 병충해의 방제

열심히 기른 야채가 수확을 바로 앞에 두고 병에 걸려 말라 버리거나 썩어 버린다면 너무 애석한 일이다. 토마토가 썩어 떨어지거나, 오이가 느닷없이 시들거나 하면 누구나 당황하게 되고 실망하게 될 것이다. 야채에는 무척 많은 병해가 있는데, 이들 모두가 병균에 의한 전염병인 것이다.

건강한 야채를 기르기 위해서는 이러한 병해를 사전에 잘 예방해야 하며, 만일 병해가 발생했다면 최소한의 약제 살포로 이를 방제해야 하는 것이다.

1) 야채가 걸리기 쉬운 병해

■ 흰가루병
흰 실 모양의 풀 잠자리의 알이 퍼지는 병으로 오이·호박·수세미 등의 박과 식물에 많이 보인다.

■ 흑반병
잎에 원형의 검은 병반이 생기는 것으로 양배추 등에 보인다.

■ 역병
과채류에서 보이는 병으로 잎이 검게 썩어 흰곰팡이가 생긴다.

■ 탄저병
수박이나 오이 등에 많으며, 잎에 새하얀 원형의 병반이 나타나게 된다.

■ 노균병
파에 많은 병이다.

■ 포토리치스병
꽃이나 잎에 회백색의 곰팡이가 많이 붙어, 접촉하면 날아 흩어지는 병으로 가지·토마토·오이 등에 보인다.

■ **균핵병**

양상추·파드득나물·가지 외의 각종 야채에 보이는 것으로, 줄기의 뿌리 근처에 갈색의 병반이 나타나 표면에 솜과 같은 곰팡이가 생겨난다.

이밖에 거의 모든 야채에 잘 걸리는 잘록병·균씨병·덩굴마름병·덩굴터짐병·백견병·뿌리혹실벌레병·버짐병 등이 있다.

2) 병해의 예방법

병충해를 예방하여 약제를 살포하지 않고 기르는 것이 미니 채원의 이상이다. 그러므로 다음과 같은 점에 유의해서 채소를 건강하게 기르면 병충해의 발생이 적고, 혹시 발생한다 해도 이겨 나갈 수 있는 저항력이 생긴다.

① 햇볕·통풍·배수 등에 주의하며, 병이 발생하지 않는 환경에서 키우도록 한다.

② 되도록 연작을 피하도록 한다.

③ 비료를 너무 많이 주지 않도록 한다.

④ 병해에 강한 품종을 고른다.

⑤ 심는 장소의 청결을 유지한다.

⑥ 뿌리 밑둥에 짚을 깔거나 비닐로 표토 주위를 덮는, 이른바 멀칭을 해 주는 것도 상당한 효과가 있다.

⑦ 비가 왔을 때 진흙이 튀는 것을 방지하여 흙 속의 박테리아가 잎에 붙어 발생하는 흑반병이나 갈반병과 같은 병을 예방할 수도 있다.

▲ 오이의 노균병

▲ 고추의 역병

▲ 파의 노균병

▲ 오이의 흰가루병

▲ 고추의 탄저병

▲ 딸기의 잿빛곰팡이병

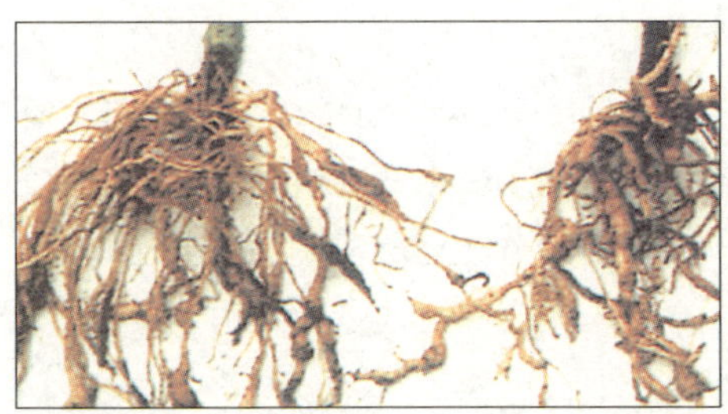

▲ 오이의 선충 피해

▲ 조팝나무의 진딧물

3) 해충의 방제

건강하고 신선한 야채를 재배해야 하는 만큼 해충은 눈에 보이는 즉시 잡아 없애야 한다. 미니 채원은 면적이 그다지 넓지 않기 때문에 그러한 일이 가능하다.

그러나 진딧물이 많이 발생해서 잎 뒤편에 붙어 있는 것은 살충제를 살포해야 한다. 그리고 살포는 올바른 약제를 사용해서 되도록 안전한 방법으로 하는 것이 중요하다.

4) 야채를 해치는 주요한 해충

■ 배추벌레
배추흰나비의 유충으로 양배추 등의 잎 또는 줄기를 갉아먹는다.

▲ 배추흰나비

■ **야도충**

일명 거염벌레라고도 하며, 야도나방이라는 나방의 유충으로 갈색을 띤 고구마 벌레이다. 식욕이 왕성하여 땅 속에 숨어 있다가 밤에만 나와 엽채류를 비롯하여 과채류·근채류의 잎을 몽땅 갉아먹는다.

■ **뿌리자르기벌레**

양배추·배추 등의 줄기를 갉아먹는 벌레이다.

■ **진딧물**

모든 야채의 새싹이나 새잎에 떼지어서 즙을 빨아먹기 때문에 야채의 생육이 나빠진다.

■ **붉은 진드기**

작은 거미의 일종으로 박과 식물류·가지·강낭콩 등의 잎의 즙을 빨아먹는다. 번식력이 왕성하므로 잎 뒤편을 잘 살펴보도록 한다.

■ **풍뎅이 유충 · 자굴파리 유충**

유충은 땅 속에 있는 뿌리를, 성충은 잎을 갉아먹는다. 주로 콩과 식물류에 피해를 주기 쉬운 해충이다.

■ **명충나방**

명충류의 유충으로, 순무밤나방과 머위명나방·옥수수들명나방·벼밤나방 등이 생강이나 머위의 잎을 갉아먹는다.

그 외에도 근채류나 박과 식물류에 기생하는 선충류인 '네마토우다'라는, 육안으로는 잘 보이지 않는 아주 작은 벌레도 있다. 이 벌레는 주로 뿌리에 기생하는데, 뿌리혹실벌레 혹은 뿌리색음실벌레라고도 불리우듯이 뿌리에 혹이 생기게 하거나 썩게 한다.

5) 약제의 올바른 사용법

살충제 · 살균제는 병충해를 예방하거나 구제하는 데 필요한 것이므로, 우선 독약이라는 점을 염두에 두고 신중히 취급하는 것이 중요하다.

또 최근에는 심는 구멍이나 화분 가장자리에 놓아두면 뿌리에서 그 성분을 흡수시켜 진딧물의 구제에 효과가 있는 입제도 나와 있다. 그러나 이런 것은 독성이 강하므로 화훼용으로는 좋으나 야채에는 사용하지 않는 것이 좋다.

6) 약제를 살포하기 전에 주의

약제에는 반드시 유효 기간이 있고 효력이 있는데, 대충 1년 이내라고 생각하는 것이 좋다. 오래된 것은 살포해 봐도 효과가 별로 없다. 유효 기간과 함께 원액을 희석하는 농도가 적혀 있으므로, 정확히 계산해서 지시한 농도대로 살포하도록 한다.

7) 살포 방법

약제 살포는 쾌청하고 바람이 없는 날, 석양이 질 때가 가장 좋다. 살포한 후에 비가 내린다면 아무 효과가 없다. 또 해충 중에는 야행성인 것도 많으므로 저녁 때가 살포하기에 가장 좋은 때이다.

약제는 많이 뿌려도 아무런 의미가 없다. 낭비일 뿐만 아니라 흙속이나 화분 주위에 스며들어 용기와 흙을 오염시키기 때문에 주의할 필요가 있다.

병충해에 따라 발생 시기가 다르므로 많이 발생하는 시기에는 1주일에 1회 살포하도록 한다. 그러나 무공해 채소를 재배하겠다는 근본 취지에서 벗어나게 되므로, 잘 연구해서 약제 살포를 억제하고 최소한의 횟수로 치도록 한다.

약을 칠 때는 특히 잎 뒤에도 뿌리도록 한다. 뿌린 약제가 효력을 발생하는 기간은 약 1주일이라고 생각하면 별로 틀리지 않는다. 그러나 잔류 독성은 2주일이 지나야 안심이 되므로, 수확하기 전 2주일 이내에는 약제 살포를 하지 않는 것이 좋다.

▲ 오이 총채벌레

▲ 사과굴나방

9. 야채 재배에 필요한 용구

미니 채원에서는 큰 농원에서와 같이 많은 농기구를 갖출 필요도 없고, 기계식·자동식의 농기구도 필요 없다.
그러나 다음과 같은 기본 용구는 있어야 편리하다.

● **구비해야 할 용구(Ⅰ)**

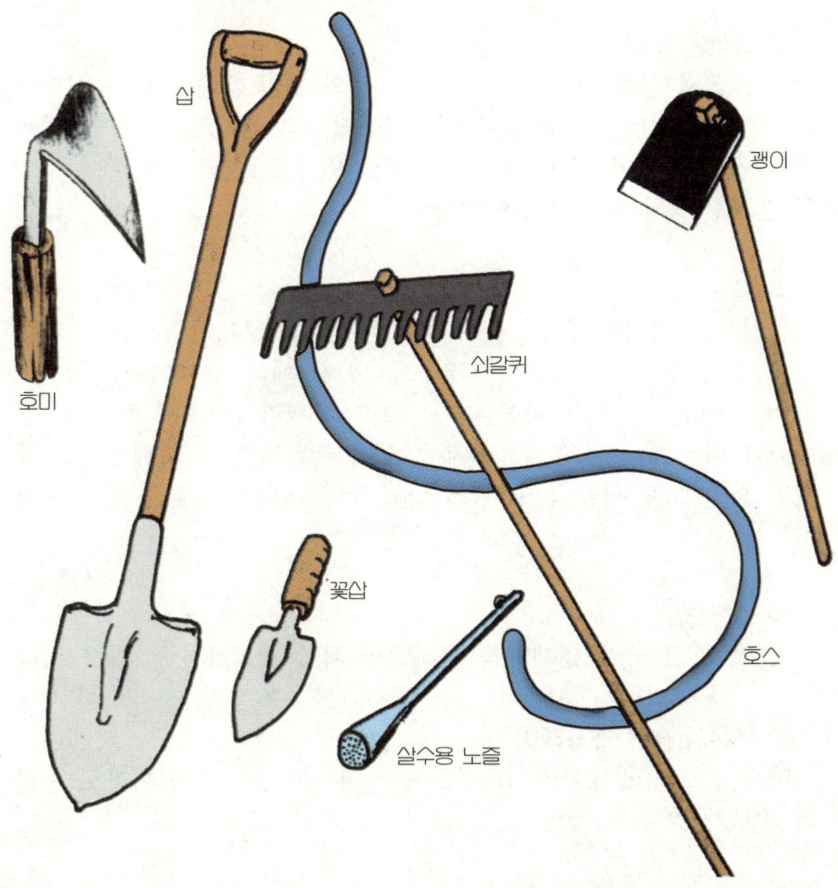

① 삽

밭을 갈거나 심을 자리를 파거나 또는 근채류를 수확할 때에도 쓰인다. 야채 재배에서 뿐만 아니라 여러 가지로 많이 사용되는 것이므로 꼭 갖추어야 할 용구이다.

② 소형 괭이와 호미

묘상이나 이랑 만들기를 할 때 필요하다. 작고 날이 편편한 괭이가 좋다.

③ 쇠갈퀴

이랑 위의 흙을 고르거나 풀을 긁는 데 쓰인다. 그러나 쓰기에 따라서는 삽이나 괭이 대용으로 사용할 수도 있다.

④ 이식용 꽃삽

묘를 옮겨 심을 때 쓰인다. 플랜터 등의 용기 재배에 없어서는 안 될 용구이다. 몇백 원 하는 값싼 것도 있고 비싼 것도 있지만, 비싼 것 중에는 끝날이 쉽게 망가지는 것도 있으므로, 되도록 날이 두껍고 튼튼한 것을 장만하도록 한다.

⑤ 체

용기 재배에서는 흙을 체로 쳐서 분류하지 않으면 안 된다. 파종 후에 흙을 덮는 데 쓰이는 경우도 있다. 체의 구멍에는 3mm·5mm·8mm 등 크고 작은 것이 있으나, 3개가 1세트로 된 것을 구비하면 더욱 좋을 것이다. 이 체도 망이 녹슬지 않는 스테인리스 제질의 것이 오래 사용할 수 있으므로, 가능하면 질이 좋은 것을 구입하도록 한다.

⑥ 소형 낫

제초에도 쓰이며, 엽채류를 수확에할 때도 편리하다.

⑦ 분무기 혹은 스프레이

약제 살포에 필요한데, 1l 정도 용량의 가정용 스프레이라도 충분히 쓸모가 있다.

⑧ 물뿌리개

용기 재배나 파종 후의 물 주기에 필요하다. 되도록 물이 가늘게 나오는 것을 고른다.

⑨ 가위

원예용 가위로는 전정 가위·순 따기 가위 등 칼 끝의 모양이나 두께가 갖가지 모양의 것이 있는데, 각기 한 개씩 구비하면 열매 따기나 수확, 그 밖에 여러모로 사용할 수가 있다.

●**구비해야 할 용구(Ⅱ)**

10. 슬기로운 야채의 보관 방법

1) 수확한 야채의 이용

미니 채원에서 재배한 채소는 전문가가 재배한 것처럼 보기 좋은 것만은 아닐 것이다. 상점에 나온 가지나 오이는 곧고 바르지만, 내가 재배한 오이나 가지는 구부러져 있고 굵기가 고르지 못할 수도 있다. 더러는 벌레 먹는 것도 생겨날 것이다.

그러나 그러한 채소라 할지라도 내 손으로 재배한 것이니 만큼 애정과 정성이 깃들어 있고, 또한 공해물질이 포함되어 있지 않기 때문에 가족의 건강을 위해서는 매우 좋은 식품일 것이다. 그리고 금방 따서 먹는 것이니 만큼 이상 신선한 채소는 없을 것이다. 그러므로 미니 채원에서 생산된 채소는 잎 하나, 열매 하나 버리지 말고 소중히 갈무리하여 모두 다 맛있게 먹어야 할 것이다.

2) 야채의 신선도가 떨어지는 원인

밭에서 수확한 야채는 사람과 마찬가지로 호흡을 한다. 즉, 산소를 흡수하고 탄산가스를 배출하며 생명을 유지하고 있다.

뿌리가 잘린 배추나 상추, 꼭지가 잘린 호박이나 오이 등은 계속 호흡작용으로 에너지를 소모하지만, 새로운 에너지를 공급받을 수

신문지에 싸서
종이 박스에 넣는다.

없기 때문에 체내에 저장된 에너지가 점점 소멸되어 가게 된다. 즉, 자기 몸 속에 저장된 양분으로 호흡작용을 하기 때문에 점점 품질이 떨어지고 영양가가 떨어지는 것이다.

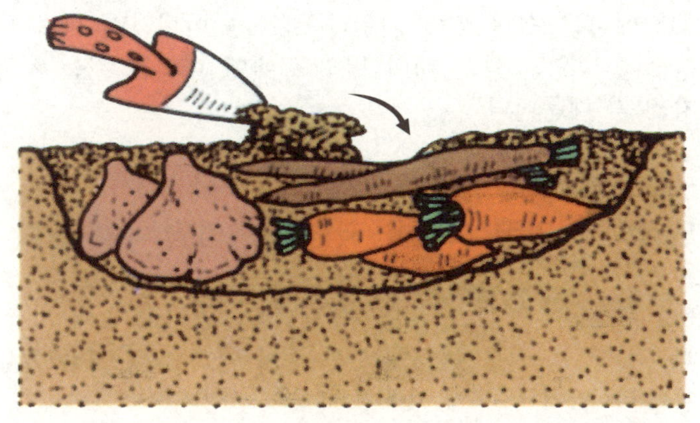

흙에 묻는다.

야채의 품질이 떨어지는 또 하나의 원인은 수분 증발로 몸이 마르는 데 있다. 대부분의 채소는 수분이 90% 이상이다. 그 가운데 5%의 수분이 증발해 버리면, 누가 봐도 시든 채소로 보인다.

채소 가운데는 유난히 수분 증발이 잘 되는 것도 있는데, 오이 · 가지 · 시금치 · 아스파라거스 등이 그것이다. 비교적 수분 증발이 더딘 것에는 무 · 토마토 · 완두콩 · 당근 · 우엉 등이 있다.

그러므로 채소를 오래도록 신선하게 보관하기 위해서는 우선 호흡작용을 억제하고, 수분 증발을 최소화하는 데 있다.

3) 호흡작용의 억제 방법

호흡작용을 억제하는 가장 좋은 방법은 수확한 채소를 될 수 있는 대로 빨리 소정의 온도까지 냉각시키는 것이다. 온도를 10℃ 내리면 호흡작용은 1/2, 1/4로 감소한다. 25℃에서 수확한 채소를 5℃로 냉각하면 호흡작용은 1/7로 감소한다.

그러므로 미니 채원에서 수확한 채소는 그 양도 많지 않으므로 즉시 냉장고에 보관하는 것이 좋다.

　대부분의 채소는 0~1℃에서 보관하면 가장 오래 저장할 수 있지만 품종에 따라서는 2~4℃, 또는 10~13℃에서 가장 잘 저장되는 것도 있다.

　고구마·생강·가지·오이 등은 10~13℃에서 가장 오래 저장되고, 0~1℃에서는 쉽게 썩어 버린다. 채소는 아니지만 바나나의 경우 냉장고에 넣으면 즉시 색이 변하고 썩어 버리는 것은 저장온도가 맞지 않기 때문이다.

4) 냉장하지 않고 야채를 저장하는 방법

　가을이나 초봄에는 채소를 냉장고에 넣지 않아도 오래 저장할 수 있다. 배추나 무는 신문지에 싸서 큰 종이 박스에 넣으면 1개월가량은 보관할 수 있다.

　고구마와 토란은 신문지에 싸서 박스에 넣은 다음 따듯한 주방 한구석에 두면 오래 간다. 마늘과 양파는 잘 건조시킨 다음 망에 넣어 바람이 잘 통하는 곳에 달아 두면 오래 보관할 수 있다. 우엉·당근·토란 등은 마당에 묻어 두면 오래 보관할 수 있다.

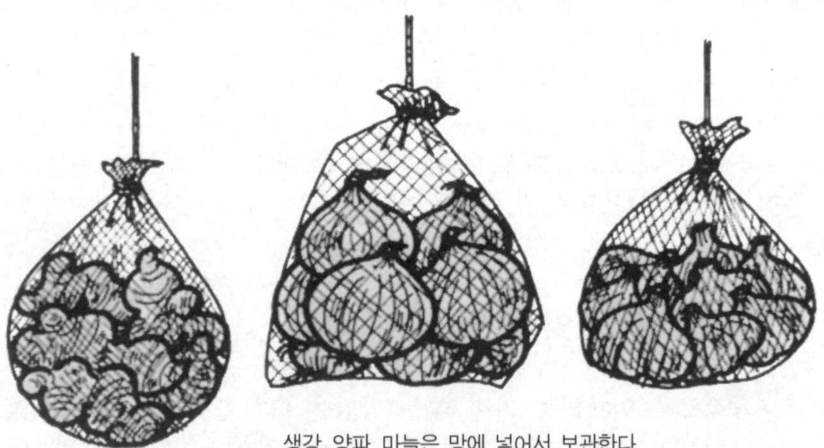

생강, 양파, 마늘은 망에 넣어서 보관한다.

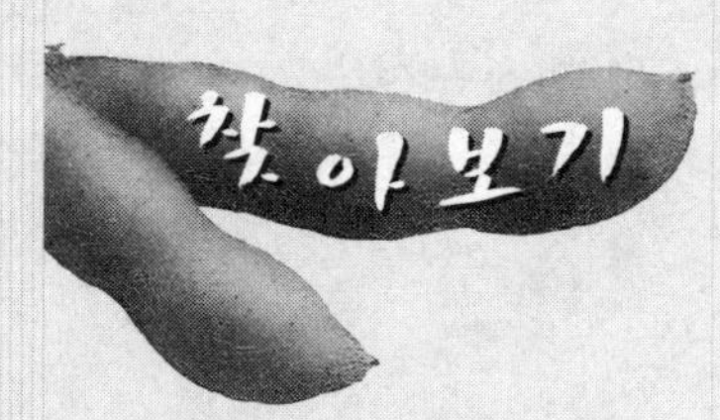

찾아보기

 ㄱ

가지 · 120
감자 · 86
강낭콩 · 24
고구마 · 68
고추 · 221
근대 · 210
꽈리풋고추 · 82

 ㄷ

당근 · 128
당파 · 202
들깨 · 79
딸기 · 19
땅콩 · 189

 ㄹ

래디시 · 196

 ㅁ

마늘 · 133
머위 · 154
멜론 · 181
무 · 100

 ㅂ

배추 · 143
부추 · 124

 ㅅ

생강 · 174
속음배추 · 84
쇠귀나물 · 58
수박 · 213
순무 · 38
시금치 · 162
싹눈 양배추 · 178
쑥갓 · 205

 ㅇ

아스파라거스 · 16
양배추 · 49
양상추 · 199
양파 · 106
양하 · 170
염교 · 193
오이 · 10
오크라 · 34
옥수수 · 111
완두콩 · 31
우엉 · 61

 ㅈ

잠두 · 96

 ㅊ

차조기 · 225
참마 · 186
참외 · 228
청경채 · 218
치커리 · 55

 ㅋ

콜리플라워 · 158

ㅌ

토란 · 74
토마토 · 115

ㅍ

파 · 138
파드득나물 · 167
파슬리 · 148
평지 · 65
풋콩 · 27
피망 · 151

 ㅎ

호박 · 43
흰오이 · 92

무공해 **건강 야채** 쉽게 기르기

지은이 • 권 영 한
펴낸이 • 김 철 영
펴낸곳 • 전원문화사
　　　　157-033 서울시 강서구 등촌3동 684-1
　　　　에이스 테크노 타워 203호
　　　　☎ 6735-2100~2 / Fax. 6735-2103
등록일 • 1977. 5. 23. 제 6-23호
1판 3쇄 • 2005. 8. 15.

정가 12,000 원

＊ 잘못 만들어진 책은 바꿔 드립니다.

ISBN 89-333-0054-6 13480